全国人大常委会副委员长周铁农等领导同志向荣获"国家生态文明教育基地"称号的单位颁发奖牌

第二届中国（漠河）生态文明建设高层论坛会场

全国绿化委员会副主任、国家林业局局长贾治邦在论坛开幕式上发表重要讲话

湖南省森林植物园、山东省滕州滨湖国家湿地公园、河南省野生动物救护中心、东北林业大学、新疆维吾尔自治区野马繁殖研究中心、江西省共青城、黑龙江省北极村国家森林公园、陕西省定边县石光银英雄庄园、贵州省贵阳市黔灵山公园、江西鄱阳湖国家级自然保护区10家单位荣获"国家生态文明教育基地"称号

生态文明建设
理论与实践

——第二届中国(漠河)生态文明建设
高层论坛文集

国家林业局宣传办公室
黑龙江省大兴安岭地区行署 编

中国林业出版社

图书在版编目（CIP）数据

生态文明建设理论与实践：第二届中国（漠河）生态文明建设高层论坛文集/国家林业局宣传办公室，黑龙江省大兴安岭地区行署编. —北京：中国林业出版社，2009.10
ISBN 978－7－5038－5725－6

Ⅰ.生…　Ⅱ.①国…②黑…　Ⅲ.生态环境－环境管理－中国－学术会议－文集　Ⅳ.X321.2－53

中国版本图书馆 CIP 数据核字（2009）第 182213 号

出版：中国林业出版社（100009　北京西城区刘海胡同 7 号）
E-mail：Lucky70021@sina.com　**电话**：010－83283569
发行：新华书店北京发行所
印刷：中国农业出版社印刷厂
版次：2009 年 10 月第 1 版
印次：2009 年 10 月第 1 次
开本：787mm×1092mm　1/16
印张：12.5
字数：150 千字
定价：48.00 元

编　委　会

前　言

　　新中国成立60年来，我国经济社会发展实现了一系列历史性跨越，从物质文明到政治文明、社会文明，党的十七大作出建设生态文明的战略部署，标志着中国社会迈入了生态文明的发展新阶段。为积极促进全民牢固树立生态文明观念，宣传动员全社会广泛参与生态文明建设，2009年8月1日至2日，由国家林业局、教育部、共青团中央、黑龙江省政府、中国生态文化协会主办，中共大兴安岭地委、大兴安岭行署承办，黑龙江省文明办、黑龙江省林业厅协办的第二届中国（漠河）生态文明建设高层论坛在大兴安岭地区漠河县成功举行。这是我国政府实施生态文明教育，推进生态文明建设的一次高规格、高水平的盛会。

　　本届论坛以"生态文明与和谐社会"为主题，广泛探讨了建设生态文明与构建和谐社会的重大课题，深入交流了倡导绿色生活、共建生态文明的实践经验，创新了加强国家生态文明教育基地建设的政策机制，提出了新形势下建设生态文明的有益对策，形成了诸多理论创新成果，为推动生态文明建设营造了良好氛围，产生了重大影响。

为帮助广大读者更深刻理解生态文明建设的重大意义，我们按"高层关注""理论探索""重要文件""舆论报道"四个部分收集整理了本次论坛的精髓，现结集出版，以飨读者。

国家林业局宣传办公室
二〇〇九年九月

目　录

三、重要文件

四、舆论报道

一、高层关注

在第二届中国（漠河）生态文明建设高层论坛开幕式上的讲话

全国人大常委会副委员长　周铁农

今天，我们在美丽的龙江源头、祖国最北端——漠河，举办第二届中国生态文明建设高层论坛，交流生态文明建设的实践经验，探讨生态文明建设的理论问题，研究加强生态文明建设的对策，意义十分重大。在此，我对论坛的顺利举办，对获得"国家生态文明教育基地"称号的10家单位表示热烈的祝贺！

刚才，国家林业局局长贾治邦同志、黑龙江省副省长吕维峰同志作了很好的讲话。我听后感同身受，很受启发。党的十七大提出"建设生态文明，基本形成节约能源资源和保护生态环境的产业结构、增长方式、消费模式"，这是中国共产党着眼于加快推进中国特色社会主义建设，以战略的思维和世界的眼光作出的重大决策，也是马克思主义基本原理与中国实际相结合产生的最新理论成果。标志着中国共产党对生态建设在经济社会发展全局中重要作用的认识达到了新高度，对人类社会发展规律和社会主义建设规律的认识达到了新境界。在这一重要理论的指引下，我国现代化建设必将成为物质文明、精神文明、政治文明、生态文明"四位一体"的人类文明建设的伟大实践。

下面，我借这个机会，就在全社会牢固树立生态文明观

念谈点意见，供大家参考。

一、深刻认识牢固树立生态
文明观念的重大意义

党的十七大首次提出建设生态文明的战略部署后，很快在全社会形成了生态文明理论的研究热潮，其中关于生态文明的概念和内涵有很多不同的解释。我更认同以下这种观点，即生态文明是指人类遵循人、自然、社会和谐发展客观规律而取得的物质与精神成果的总和，是指人与自然、人与人、人与社会和谐共生、良性循环、全面发展、持续繁荣为基本宗旨的文明形态。建设生态文明是一个全新的课题，也是一项全新的任务，其中在全社会牢固树立生态文明观念最为基础、最为关键，应该从历史、时代和全局的高度深刻认识它的重大意义。

在全社会牢固树立生态文明观念，有利于加快推进生态建设的进程。加强生态建设、实现生态良好，是建设生态文明的重要基础。随着全球工业化进程的加快，人类在创造巨大物质财富的同时，也逐步陷入了前所未有的生态困境，带来了气候变暖、土地沙化、湿地缩减、水土流失、干旱缺水、物种灭绝等生态危机。随着全球范围生态危机的不断加剧，人类开始重新反省自己的行为，重视和加强生态建设、追求生态与经济发展的协调统一，正在成为各国政府的普遍行为。只有抹去单纯追求经济利益的障眼，真正认清人与自然关系的精髓，在全社会牢固树立生态文明观念，才能凝聚更多的力量和智慧，加快推进生态建设的进程，重现山川秀美、人与自然和谐的景象。

在全社会牢固树立生态文明观念，有利于形成符合生态文明的伦理道德观。转变以人为中心或人与自然相对立的传统观念，是建设生态文明的重要前提。在工业文明的传统伦理道德中，人是这个世界上唯一的主体，其他生命和自然界只是人的对象，人的价值决定了其他生命和自然的价值。这一伦理道德带来的结果是：人类作为主体，对自然肆无忌惮地占有和掠夺；自然作为对象，被人类无限的征服和改造。这是导致今天生态危机和人类生存危机的根源。生态文明则认为，不仅人是主体，自然也是主体；不仅人有价值，自然也有价值；不仅人依靠自然，所有生命都依靠自然。人类要尊重其他生命和自然，人与其他生命共享一个地球。只有在全社会牢固树立起生态文明观念，用新的观念取代旧的观念，才能转变人类社会的伦理道德观，才可能从根本上消除生态危机，把人类文明带上正确的轨道。

在全社会牢固树立生态文明观念，有利于转变生产方式和生活方式。生产方式和生活方式的转变，是建设生态文明的重要途径。工业文明的生产方式，从资源到产品再到废弃物，是一个线性的、非循环的生产模式，其结果是经济发展与资源环境的矛盾日益激化。工业文明的生活方式，是以物质主义为原则，以高消费为特征，以过度消费来推动经济的增长。生态文明则是致力于构造一个以环境资源承载力为基础、以自然规律为准则、以绿色消费为特征、以可持续社会经济文化政策为手段，最大限度地减少对资源消耗和对环境破坏的生产模式和消费模式。只有在全社会牢固树立生态文明观念，才能改变当前不适应生态文明建设的生产生活方式，努力构建一个资源节约型、环境友好型社会。

总之，在全社会牢固树立生态文明观念，用思想认识的力量，用伦理道德的规范，形成一种内在的"软约束"，促进社会和人们保护自然、尊重自然、热爱自然，建设生态文明才能形成氛围，才能取得成效。

二、牢固树立生态文明观念重在宣传教育

在全社会牢固树立生态文明观念，不是一朝一夕的事情，而是一个渐进的历史过程，是一个持之以恒的积累过程。在这个过程中，积极采取一些内涵深刻、喜闻乐见的宣传教育方式，让人们在自觉和不自觉中受到启迪、得到感化，达到增加生态文明知识、提高生态文明素质的目的，是十分必要、也是十分有效的。宣传教育的内容和手段很多，我着重强调以下三个方面。

一是通过宣传生态状况的严峻形势，可以让公众受到很好的教育。改革开放 30 年来，我国经济社会发展取得了举世瞩目的成就，但必须看到，我们的经济增长是建立在资源能源消耗较高、生态环境破坏较大的基础上。无论是维系人们基本生存的耕地、淡水、森林，还是支撑经济增长的能源矿产都相对短缺。比如，按照人均来计量，我国矿物资源只有世界平均水平的 58%，耕地资源只有世界平均水平的 40%，淡水资源仅为世界平均水平的 25%，森林资源不到世界平均水平的 22%，并且这一短缺矛盾在今后一个时期还会更加突出。同时，我国还存在着一系列严重的生态问题，对经济社会发展构成了巨大挑战。水土流失面积达 356 万平方千米，占国土总面积的 1/3；土地沙化面积达到 173.97 万平方千米，占国土总面积的 18.12%；生物多样性锐减，有 15%～20%的动植物物种处于濒危状态，高于 10%～15%的世界平

均水平；湿地大量减少，有 36％ 的天然湿地已经消失，8.5 万座水库 1/3 的总库容被泥沙淤积；旱涝灾害频发，近 50 年平均每年出现旱灾 6～8 次，洪涝灾害 50 次左右，危害越来越大。通过对生态状况的宣传，让公众感受到生态形势的严峻性，感到与自己的生存息息相关，就能唤起他们的危机感和责任感，就能达到宣传教育的目的。

二是通过宣传中华传统文化的精髓，可以让公众受到深刻的教育。中国传统文化的基本精神与生态文明的内在要求是一致的，从政治社会制度到文化哲学艺术，无不闪烁着生态智慧的光芒。儒家主张"天人合一"，其本质是"主客合一"，肯定人与自然界的统一。也肯定天地万物的内在价值，主张以仁爱之心对待自然，体现了以人为本的价值取向和人文精神。正如《中庸》里说："能尽人之性，则能尽物之性；能尽物之性，则可以赞天地之化育；可以赞天地之化育，则可以与天地参矣。"道家提出"道法自然"，强调人以崇尚自然、效法天地作为行为的基本皈依。并且，强调人必须顺应自然，达到"天地与我并生，而万物与我为一"的境界。庄子把一种物中有我，我中有物，物我合一的境界称为"物化"，也是主客体的相融。这与现代环境友好意识相通，与现代生态伦理学相合。佛家认为万物是佛性的统一，众生平等，万物皆有生存的权利。佛教正是从善待万物的立场出发，把"勿杀生"奉为"五戒"之首，生态伦理成为佛家慈悲向善的修炼内容。这就不难理解，一些西方生态学家为什么提出生态伦理应该进行"东方转向"。在建设生态文明的今天，我们要高度重视从中华传统文化中吸取智慧，让她的精髓发扬光大，成为我们超越工业文明、建设生态文明的文化基础。

三是通过有效的宣传教育形式，极大地提高公众受教育的效果。形式和载体是决定教育成效的关键。国家林业局、教育部、共青团中央联合组织开展的"国家生态文明教育基地"创建活动，为我们进行了比较成功的探索。通过创建工作，使公众的生态文明教育有了具体的载体，真正落到了实处。一方面，国家生态文明教育基地主要分布在自然保护区、森林公园、湿地公园、风景名胜区等生态景观资源相对集中的地方，社会公众在里面游览，就能潜移默化地受到教育，发挥了生态景观资源在公众自我教育的功能。另一方面，国家生态文明教育基地通过建设博物馆、生态文明教育长廊，完善景点标识和教育解说系统，举办夏令营、冬令营、生态展览、导游培训、讲座等活动，把生态文明的理念渗透其中，实现了传播生态知识和生态理念的目的。据统计，已经授予的 20 家国家生态文明教育基地，实现年受教育公众超过 1000 万人次。可以说，这是一项具有基础性、前瞻性和导向性的工作，各有关部门要加大创建力度，不断丰富创建规模和内容，不断完善教育功能和效果，让国家生态文明教育基地和创建活动真正成为全民接受生态文明教育的主要平台和手段。

三、牢固树立生态文明观念
需要全社会共同努力

生态文明观念是社会主义核心价值体系的重要内容，在全社会牢固树立生态文明观是践行科学发展观，建设生态文明和构建社会主义和谐社会的需要，是一项长期而艰巨的任务，需要各方齐心协力，共同推进。

一是，各级林业部门要在生态文明教育中发挥独特作用。

林业是生态文明建设的主体。林业部门在树立生态文明观念上责无旁贷。一方面,要深入贯彻落实中央林业工作会议精神,加快推进林业改革发展,加强林业生态建设,促进生态良好,真正体现林业在可持续发展战略中的重要地位、在生态建设中的首要地位、在西部大开发中的基础地位、在应对气候变化中的特殊地位;另一方面,要大力繁荣生态文化。这既是现代林业要构建的生态、产业、文化三大体系内容之一,也是全社会牢固树立生态文明观念的必然要求。文化决定着人的思想意识,也决定着人的行为准则。我国56个民族都有热爱大自然、与大自然和谐相处的生态文化传统,这些文化传统是我们建设生态文化的根基;再一方面,要充分发挥森林公园、湿地公园、自然保护区等单位生态教育资源特别丰富的优势,加强教育功能建设,逐步使之成为公民生态文明素质教育的主要基地。

二是,各级教育部门要承担起生态文明教育的重要职责。要逐步将生态文明教育纳入正规的国民教育体系和再教育体系之中去,加强引导受教育者为了人类的长远利益和更好地享用自然、享用生活,自觉养成爱护生态环境的意识、行为和风尚。要把生态道德纳入教育内容,通过生态文明的教育和宣传活动,在全社会形成浓厚的生态道德氛围,促进人们形成尊重自然、与自然和谐相处的道德观。生态文明教育也要"从娃娃抓起",从九年义务教育开始,培养和造就一代又一代具有良好生态价值观和生态道德观的社会主义接班人,为子孙后代留下一个不遭受任何破坏和污染的美好生态家园。

三是,各级团组织要广泛组织青少年参与生态文明建设。青少年是社会生活中最富有朝气和活力的群体,是推动生态文明建设的生力军。帮助和教育青少年牢固树立生态文明意识意义重大。共青团组织要坚持组织化和社会化相结合的方式，逐步形成以保护母亲河行动、创建国家生态文明教育基地为载体的青少年生态实践教育体系，在促进青少年和社会公众增强生态文明意识方面做贡献。

各级人大要注重用法律和制度推动生态文明建设。用立法规范人与自然的行为，是社会文明进步的表现，也是生态文明建设的制度需要。各级人大要结合实际，积极促进生态立法；要加强执法检查，保障现有生态法律制度的贯彻落实；特别要注重在相关法律制度中增强生态文明意识的教育和培养内容，推动生态文明教育有法可依。

同志们、朋友们，在全社会牢固树立生态文明观念，是生态文明建设的需要，是推进我国经济社会科学发展的需要。让我们紧密团结在以胡锦涛同志为总书记的党中央周围，以邓小平理论和"三个代表"重要思想为指导，深入贯彻落实科学发展观，开拓进取，扎实工作，为建设生产发展、生活富裕、生态良好的文明社会而努力奋斗。

认真落实中央对林业的战略意图
把生态文明建设全面推向新阶段

——在第二届中国（漠河）生态文明建设
高层论坛开幕式上的讲话

全国绿化委员会副主任
国 家 林 业 局 局 长　　贾治邦

　　在全国上下贯彻落实中央林业工作会议精神的重要时刻，我们在美丽的大兴安岭、在绿色环绕的神州北极——漠河，举办中国（漠河）生态文明建设高层论坛，具有十分深刻的含义和特别的意义。在此，我代表全国绿化委员会、国家林业局，对论坛的开幕表示热烈祝贺，向出席论坛的周铁农副委员长，及各位领导、各位来宾表示热烈欢迎和衷心感谢！

　　党的十七大从全局和战略高度作出了建设生态文明的重大决策，从而使中国特色社会主义事业形成了经济建设、政治建设、文化建设、社会建设、生态文明建设"五位一体"的总体布局。生态文明是人类在改造客观世界的进程中，推动科学发展、可持续发展、人与自然和谐发展的物质、精神、制度方面成果的总和，是人类文明发展史上高于原始文明、农业文明、工业文明的一种新型文明形态。建设生态文明的核心是，确立人与自然和谐、平等的关系，反对人类破坏自然、征服自然、主宰自然，倡导人类尊重自然、保护自然，科学地改造自然，合理地利用自然。森林是陆地生态系统的主体，林业是实现人与自然和谐发展的关键，对于建设生态文明、推动科学发展具有特殊意义。

2009年6月22日至23日，中央召开了新中国成立60年来的首次林业工作会议，对加快林业改革发展、加强生态文明建设作出了全面部署。这次会议不仅是加快林业改革发展的动员会，也是加强生态文明建设的部署会。会议明确指出，在贯彻可持续发展战略中林业具有重要地位，在生态建设中林业具有首要地位，在西部大开发中林业具有基础地位，在应对气候变化中林业具有特殊地位。并明确要求，实现科学发展必须把发展林业作为重大举措，建设生态文明必须把发展林业作为首要任务，应对气候变化必须把发展林业作为战略选择，解决"三农"问题必须把发展林业作为重要途径。这充分体现了党中央、国务院对充分发挥林业在国家战略全局中特殊作用的重大战略意图。那么，中央为什么要明确赋予林业在生态建设中的首要地位、在生态文明建设中的首要任务？这是由林业具有生态的、经济的、文化的、社会的等多种功能所决定的，可以从以下四个方面来认识。

第一，林业具有巨大的生态功能，在实现生态良好、维护生态安全中发挥着决定性作用。森林是"地球之肺"，湿地是"地球之肾"，荒漠化是地球一种很难医治的疾病，生物多样性是地球的"免疫系统"。林业承担着建设森林生态系统、保护湿地生态系统、改善荒漠生态系统、维护生物多样性的重要职责。这"三个系统一个多样性"，在维护地球生态平衡中起着决定性作用。只有保护好这些生态系统，地球才会健康长寿，人类才能永久地在地球上繁衍生息、发展进步，而损害、破坏哪个系统，都会危及人类生存发展的根基。在人类历史上，因破坏森林、破坏湿地而导致国家衰亡、文明消失的事例屡见不鲜。从某种意义上说，人类如果失去森林和湿地，就失去了人类生存发展的根基，就会失去未来、失去一切，建设生态文明也就成了一句空话。

第二，林业具有巨大的固碳功能，在应对气候变化、维护气候安全中发挥着特殊作用。减缓气候变暖是人类面临的重大挑战，也是我国建设生态文明必须着力解决好的重大问题。森林是陆地上最大的储碳库和最经济的吸碳器，全球陆地生态系统中约储存了 2.48 万亿吨碳，其中 1.15 万亿吨碳储存在森林生态系统中，0.5 万亿吨储存在湿地生态系统中。为维护全球气候安全，《京都议定书》明确规定了两条减排途径，一是工业直接减排，二是通过森林碳汇间接减排。森林通过光合作用，可以吸收二氧化碳，放出氧气。这就是森林的碳汇功能。森林每生长 1 立方米蓄积，约吸收 1.83 吨二氧化碳，释放 1.62 吨氧气。专家测算，一个 20 万千瓦机组的煤炭发电厂每年排放的二氧化碳，可被 48 万亩人工林吸收；一架波音 777 飞机每年排放的二氧化碳，可被 1.5 万亩人工林吸收；一辆奥迪 A4 汽车每年排放的二氧化碳，可被 11 亩人工林吸收。与工业减排相比，森林固碳具有投资少、代价低、综合效益大等优点。加快林业发展，增强森林碳汇功能，已成为全球应对气候变化、建设生态文明的共识和行动。

第三，林业具有巨大的经济功能，在推动经济发展、维护经济安全中发挥着重要作用。这可以从五个层面来理解。首先，木材与钢铁、水泥并称为三大传统原材料，是经济社会发展和人民生产生活必不可少的必需品。为了满足对木材的需求，2007 年我国进口林产品折合原木已达 1.55 亿立方米。随着经济的发展，我国木材供需矛盾日益尖锐。仅从纸张消费看，我国人均每年消费量仅为 50 多千克，而美国已达

350千克。在世界各国限制原木出口的新趋势下，如何维护国家木材安全已成为我国经济发展的一个重大战略问题。其次，土地是重要的生产资料，是财富之母。我国有43亿亩林业用地，还有8亿亩可治理的沙地和近6亿亩湿地，三者合计是耕地面积的3倍多。而我国林地单位面积产出仅为耕地的1/30。把林地的增值潜力发挥出来，对于增加农民收入、拉动国内需求、推动经济发展，具有难以估量的作用。其三，森林是一种战略性的能源资源。就能源当量而言，森林是仅次于煤炭、石油、天然气的第四大能源资源，而且具有可再生、可降解的优势。在化石能源日益枯竭的情况下，发展森林生物质能源已经成为世界各国能源替代战略的重要选择。森林生物质能源主要是用林木的果实或籽提炼柴油，用木质纤维燃烧发电。我国有种子含油量在40％以上的木本油料树种154种，每年可用于发展生物质能源的生物量约3亿吨，发展森林生物质能源前景十分广阔。其四，我国木本粮油树种十分丰富，有适宜发展木本粮油的山地1.6亿亩。其中，油茶是一种十分优良的油料树种，茶油的品质甚至优于橄榄油。目前，我国食用植物油60％靠进口。如果种植和改造9000万亩高产油茶林，可年产茶油450多万吨，不仅可以使我国食用植物油进口量减少50％左右，还可腾出1亿亩种植油菜的耕地来种植粮食，将为维护国家粮油安全发挥关键性作用。其五，林业是国民经济的重要基础产业，能够生产上万种绿色、无污染、可降解的林产品。国际能源机构测算，用木材替代钢结构，能耗可从300降为100，用木结构代替钢筋混凝土结构，能耗可从800降为100。我国专家研究表明，用木材替代水泥、砖等材料，1立方米木材可减排0.8吨二氧化碳，既节约能源，又减少污染，对于发展循环经济、建设环境友好型社会意义十分重大。

第四，林业具有巨大的文化功能，在繁荣生态文化、弘扬生态文明中发挥着关键作用。 世界著名生态和社会学家唐纳德·沃斯特指出："我们今天所面临的全球性生态危机，起因不在于生态系统本身，而在于我们的文化系统。要度过这一危机，必须尽可能清楚地理解我们的文化对自然的影响。"这说明，只有从更深的思想文化层面解决问题，让全社会牢固树立生态文明观，才能更好地建设生态文明。森林是人类文明的发源地，孕育了灿烂悠久、丰富多样的生态文化，如森林文化、湿地文化、花文化、竹文化、茶文化等。这些文化集中反映了人类热爱自然、与自然和谐相处的核心价值观。大力发展生态文化，可以引领全社会了解生态知识，认识自然规律，树立人与自然和谐相处的价值观，可以引导政府部门的决策行为更加有利于促进人与自然和谐，可以推动科学技术不断创新发展，提高资源利用效率，有力地促进生态文明建设。

总之，中央召开林业工作会议，明确赋予林业在生态建设中的首要地位、在生态文明建设中的首要任务，目的就是要加快发展现代林业，充分开发林业的多种功能，充分发挥林业在建设生态文明、维护生态安全、应对气候变化、解决"三农"问题、推动科学发展等一系列国家战略中的重大作用。当前，生态问题已成为制约我国可持续发展的最突出问题之一，生态产品已成为当今社会最短缺的产品之一，生态差距已成为我国与发达国家之间最主要的差距之一。各级林业部门必须认真贯彻落实中央林业工作会议精神，切实肩负起时代赋予我们的重大使命，努力把生态文明建设全面推向新阶段。

一要全面推进集体林权制度改革，为生态文明建设奠定

坚实的制度基础。我国集体林地有 25 亿亩，涉及 7 亿农民。集体林权制度改革就是要在保持集体林地所有权不变的情况下，把集体林地经营权和林木所有权落实到农户，确立农民的经营主体地位。这是农村经营制度的又一重大变革，是贯彻落实科学发展观的生动实践，也是发展现代林业、建设生态文明的强大动力。这项改革与耕地承包既具有同等重要的意义，又赋予了新的时代内涵。承包到户的林地承包经营权和林木所有权具有物权性、长期性、流转性和资本性等四大特性，这不仅使亿万农民获得了大量的生产资料和林木资产，而且解决了农民创业无资本、发展融资难等重大问题，实现了农村金融的重大突破，必将极大地调动农民发展林业的积极性，极大地释放林地、农村劳动力和森林资源的巨大潜力，极大地带动各种生产要素向农村流动，为发展农村经济、建设生态文明注入强大动力，为实现自然生态系统与社会经济系统的良性循环发挥根本性作用。

二要加快构建完善的林业生态体系，确保到 2020 年使我国成为生态良好的国家。到 2020 年使我国成为生态环境良好的国家，是中央确定的生态文明建设的重要目标。必须进一步加快构建完善的林业生态体系，着力建设好森林生态系统、保护好湿地生态系统、改善好荒漠生态系统、维护好生物多样性。重点抓好各项生态工程建设，特别要针对北方生态脆弱和维护沿海经济发达地区生态安全的迫切需要，全面加强北方和沿海两大绿色生态屏障建设，努力构筑以三北防护林为主体的防沙治沙绿色生态屏障和以沿海防护林为主体的防风消浪绿色生态屏障。确保到 2020 年，全国森林覆盖率达到 23％以上，50％以上可治理的沙地得到有效治理，60％以上的天然湿地得到良好保护，重点濒危物种种群数量得到恢复发展，森林碳汇功能得到明显提升，全面实现生态环境良好的奋斗目标。

三要加快构建发达的林业产业体系，为生态文明建设提供更有力的经济支撑。要巩固壮大第一产业，全面提升第二产业，大力发展第三产业，着力推进生态建设产业化、产业发展生态化，不断培育新的林业经济增长点。近期要力争在森林经营、木本油料、竹藤花卉、林下经济、野生动植物驯养繁育、森林旅游和林产品精深加工等方面取得突破，努力为建立节约能源资源和保护生态环境的产业结构、增长方式、消费模式做出新贡献。

四要加快构建繁荣的生态文化体系，引导全社会牢固树立生态文明观念。大力普及生态知识，增强生态意识，树立生态道德，弘扬生态文明，进一步形成关注森林、热爱自然的良好风尚。加强生态文化基础设施建设，命名一批生态文明教育示范基地，为人们了解森林、认识生态、探索自然提供更多更好的条件。充分挖掘森林文化、湿地文化、生态旅游文化的发展潜力，不断丰富生态文化的传播形式，切实增强生态文化的活力。通过构建繁荣的生态文化体系，引导全社会牢固树立生态价值观、生态政绩观、生态道德观、生态消费观等生态文明观念。

建设生态文明是建设中国特色社会主义的一项重大战略任务，对于实现中华民族的伟大复兴具有十分重大的战略意义。在建设生态文明的伟大进程中，林业部门责任重大、使命光荣、任务艰巨。让我们紧密团结在以胡锦涛同志为总书记的党中央周围，高举中国特色社会主义伟大旗帜，以邓小平理论和"三个代表"重要思想为指导，深入贯彻落实科学发展观，解放思想，深化改革，狠抓落实，为发展现代林业、建设生态文明、推动科学发展做出更大贡献。

以建设大小兴安岭主体生态功能保护区为重点 全力推进国家生态文明建设

——在第二届中国（漠河）生态文明建设高层论坛开幕式上的讲话

黑龙江省副省长 吕维峰

今天，中国（漠河）生态文明建设高层论坛隆重开幕了。这是在全国深入学习实践科学发展观的新形势下，交流生态文明建设经验、共商生态文明建设大计、促进人与自然和谐发展的一次高规格盛会，既是贯彻落实胡锦涛总书记关于"必须坚持不懈地抓好天然林保护，尤其要扎实推进大小兴安岭生态保护"的指示和要求，也是一次贯彻落实中央林业工作会议精神，全面加快现代林业"三大体系"建设的促进会。在此，我代表黑龙江省人民政府，向这次生态文明建设高层论坛的隆重召开表示热烈的祝贺！向出席这次论坛的各位领导、专家学者表示由衷的欢迎！

黑龙江省素以大森林、大湿地、大界江、大冰雪而著称，生态环境保持完好。全省"五山一水一草三分田"，林业经营面积 3375 万公顷，有林地面积 2007 万公顷，均居全国前列。丰富的森林资源在维护我国国土生态安全和粮食稳产高产方面发挥着重要作用，并成为我国东北、华北乃至东北亚地区的生态屏障。近年来，黑龙江省委、省政府以科学发展观为统领，以打造生态大省为目标，把建设大小兴安岭生态功能区作为"八大经济区"重点之一强力推进，通过退耕还林、治理"三化"草原和水土流失、加强自然保护区、生态示范区的建设，大力发展生态农业、生态旅游业、林木精深加工业、清洁能源工业等以生态为主导的生态经济，初步构筑起了与生态功能区定位相适应的产业体系，生态文明建设取得了显著成效，为维护国家的生态安全和粮食安全做出了巨大贡献。

大兴安岭作为国家重要生态安全保障区和全省主体生态功能区，始终把保护森林资源作为生态文明建设的核心和关键，通过调减木材产量、狠抓森林防火、推行以煤代木、实行营林工程化、推进项目建设等举措，不仅森林资源得到了有效保护，而且经济增速创十年以来历史新高，在生态文明建设中走出了一条在保护中发展、在发展中保护的生态经济发展之路，为促进科学发展做出了重要贡献。

在黑龙江省举办这次高层论坛，充分体现了国家林业局等有关部委对我省生态建设的高度重视。这次论坛，群贤毕至，专家云集，将围绕生态建设的重大理论和实践问题进行广泛而深入的研讨。我坚信，有各位与会领导专家的高度重视，有国家林业局等各有关部委的大力支持，此次论坛必将取得丰硕成果，必将对我省生态文明建设起到有力的促进作用。希望大兴安岭以这次论坛为契机，把生态文明建设放在更加突出、更加重要的位置，努力在生态文明建设进程中再立新功、再创佳绩。

在第二届中国（漠河）生态文明建设高层论坛闭幕式上的讲话

国家林业局总工程师　卓榕生

中国（漠河）生态文明建设高层论坛经过全体与会代表的共同努力，顺利完成了各项议程，取得了圆满成功。全国人大常委会副委员长、民革中央主席周铁农同志亲临论坛并做了重要讲话，使我们倍感振奋、备受鼓舞。周铁农副委员长的讲话以科学发展观为指导，深刻阐述了在全社会牢固树立生态文明观念的重大意义，对进一步加强生态文明建设提出了具体要求，为我们继续履行好使命，肩负起构建社会主义和谐社会、推动生态文明建设的重大责任指明了方向。论坛主办、承办和协办单位有关部门负责同志，各省级林业主管部门和部分省级教育、共青团部门负责同志，国内外的专家学者和相关科研院所、大学代表，国家生态文明教育基地和部分城市代表，以及中央和地方新闻媒体记者朋友们参加了论坛。论坛举办期间，国家林业局、教育部、共青团中央授予湖南省森林植物园等 10 单位"国家生态文明教育基地"称号，全体代表在广泛交流、深入探讨的基础上达成共识，发出了《中国生态文明建设高层论坛——漠河宣言》。这次论坛实现了预期目标，取得了丰硕成果。

一、广泛探讨建设生态文明与构建和谐社会的重大课题，形成了诸多理论创新成果

　　建设生态文明是全面建设小康社会的重要内容，是构建社会主义和谐社会的必然选择。正确认识建设生态文明与构建社会主义和谐社会的关系，科学分析建设生态文明在构建社会主义和谐社会中的作用成为本届论坛的主题。论坛期间，与会代表紧紧围绕这个主题进行了全面而深入的研讨，提出了许多前沿理论，提升了我们对生态文明的理解：生态文明以人与自然、人与人、人与社会和谐共生、良性循环、全面发展、持续繁荣为基本宗旨，通过增强生态意识，推行可持续发展模式，实现人与自然和谐发展。生态文明建设是构建社会主义和谐社会的前提和基础，只有建立在人与自然和谐基础上的社会，才能实现人与人、人与社会的和谐，才能建立真正意义上的社会和谐；构建社会主义和谐社会是建设生态文明的重要保障，只有构建社会主义和谐社会，逐步建立有利于人与自然和谐共存的社会秩序，逐步确立人与自然相互依存、协同进化的价值观念，逐步树立尊重自然、保护自然的生态道德意识，才能促进生态文明建设又好又快发展。加快现代林业发展在建设生态文明、构建社会主义和谐社会中意义重大。林业具有强大的生态功能，对推动人与自然和谐发挥着基础作用；林业具有显著的经济功能，对构建人与人和谐发挥着关键作用；林业具有突出的文化功能，对树立生态文明观念发挥着独特作用。这些认识为我们进一步加强生态文明建设、加快构建社会主义和谐社会提供了理论指导和思想动力。

二、深入交流倡导绿色生活、共建生态文明的实践经验，提出了新形势下建设生态文明的有益对策

论坛期间，来自生态文明建设一线的林业、教育、共青团部门的负责同志介绍了他们通过宣传发动、科普教育和道德培养，构建生态文明价值体系，传播生态文明道德理念，建立生态文明行为规范的经验，推介了已被实践证明行之有效的做法，主要体现在三个方面：一是加强宣传。充分利用报纸、杂志、广播、电视、网络等各类媒体广泛报道生态文明建设面临的机遇和挑战，及时反映生态文明建设取得的新经验和新进展，大力宣扬在生态文明建设中涌现出来的先进典型和先进做法；二是加强教育。逐步将生态文明教育纳入正规的国民教育体系和再教育体系，积极组织开展生态文明教育进村组、进街道、进社区活动，在全社会培养生态文明意识和风尚；三是加强领导。各级党委、政府要站在战略与全局的高度，把生态文明建设摆上重要议事日程，对各项生态文明建设任务精心组织，周密部署，加大投入，确保取得实效。这些做法，拓宽了我们的思路，开阔了我们的视野，必将对我国生态文明建设产生深远的影响。

三、积极动员社会各界投身生态文明建设，营造了齐抓共管、共同推进的良好氛围

参加本届论坛的既有国家部委有关部门负责同志、各省林业主管部门和部分省级教育、共青团部门负责同志、城市

市长等政府官员，又有生态文明建设领域专家学者、相关科研院所和高等院校代表，在此基础上形成的《中国生态文明建设高层论坛——漠河宣言》，发出加快推进生态文明建设、努力构建社会主义和谐社会的倡议，更能充分体现社会各界的共同心声，更能有效调动政府部门、社团组织、企事业单位、公民个人关注、支持和投身生态文明建设的积极性和主动性，更能有力推动我国生态文明建设迈出新步伐，获得新发展，取得新成效。

四、努力创新加强国家生态文明教育基地建设的政策机制，树立了科学规范的创建理念

国家生态文明教育基地是在全社会普及生态知识、传播生态观念、增强生态意识的重要载体。论坛期间，与会代表就开展国家生态文明教育基地创建工作，创新国家生态文明教育基地运行机制，健全国家生态文明教育基地管理体制、提升国家生态文明教育基地功能等进行了广泛探讨，强调要优化建设政策环境，量化建设指标体系，强化教育功能和规模，确保国家生态文明教育基地建设有序、健康、稳步推进。

这次论坛的成功举办，得益于黑龙江省委、省政府的高度重视，得益于大兴安岭地委、行署，黑龙江省文明办和黑龙江省林业厅的严密组织，得益于漠河县各部门的密切配合，我代表论坛组委会和全体与会代表，向黑龙江省委省政府，大兴安岭地委行署，黑龙江省文明办，黑龙江省林业厅和漠河县各部门为本次论坛所做的巨大努力和付出的辛勤劳动表示诚挚的谢意！

最后，祝中国生态文明建设高层论坛越办越好，为推进我国生态文明建设和构建社会主义和谐社会做出新的更大的贡献！

二、理论探索

中国生态文化的内涵与方向

全国政协人资环委副主任
国际竹藤组织董事会联合主席　江泽慧
中国生态文化协会会长
中国林学会理事长

一、中国生态文化的基本内涵

党的十七大政治报告第一次把建设生态文明作为我们党和国家为实现全面建设小康社会奋斗目标的新要求之一。这一新要求，丰富和拓展了科学发展观理论的深刻内涵，同时，这一新要求也明确指明了生态文化的发展方向。

（一）生态文化的基本界定

何谓生态文化？对这个问题的回答，可谓仁者见仁，智者见智。生态文化是一种社会现象，是人们长期创造形成的产物；又是一种历史现象，是社会历史的积淀物。贾庆林主席在贺信中特别指出："生态文化是伴随着经济社会发展的历史进程形成的新的文化形态。"

我在最近主编出版的《中国现代林业（第二版）》中，也对森林文化、生态文化进行了专题研究。我们是这样理解的，生态文化是人与自然和谐相处、协同发展的文化，也可以把生态文化理解为人与自然关系的文化。狭义的生态文化是指人与自然和谐发展、共存共荣的意识形态、价值取向和行为方式等；广义的生态文化是指人类历史实践过程中所创造的与自然相关的物质财富和精神财富的总和。

具体讲，生态文化是探讨和解决人与自然之间复杂关系的文化；是基于生态系统、尊重生态规律的文化；是以实现生态系统的多重价值来满足人的多重需求为目的的文化；是渗透于物质文化、制度文化和精神文化之中，体现人与自然和谐相处的生态价值观的文化。生态文化的核心思想是人与自然和谐；生态文化建设的主要任务是科学认识、积极倡导和大力推动实现人与自然和谐。

（二）生态文化的主要特征

从研究对象而言，生态文化是一种有关人与自然关系的文化。它是与有关人与人的关系的社会文化或人文文化概念相对应的一种新的文化观念。社会文化要探讨和解决的是单纯的人与人之间的关系，而生态文化要探讨和解决的是人与自然之间的复杂关系。

从本质属性而言，生态文化是一种涉及社会性的人与自然性的环境及其相互关系的文化，它与属于社会科学的传统人文文化不同，是一种与社会科学与自然科学都有关系的一种全新的、交叉的先进文化。从其本质属性看，生态文化是生态生产力的客观反映，是人类文明进步的结晶，又是推动社会前进的精神动力和智力支持，渗透于社会生态的各个方面。

从价值功能而言，生态文化的价值功能主要表现在：能正确指导人们处理好个人与自然之间的个体利益关系；能科学地协调好人类社会与生态环境系统之间的整体平衡关系。尤其是后者，能使有关人与自然的关系达到一种和谐的、可持续发展的状态。

从时空跨度而言，生态文化既具有历史传承性，又具有跨国界的地域性。生态文化不但与中国传统的"天人合一"自然观一脉相承，又具有鲜明的时代特色，是生态文明时代的产物。同时，生态文化是属于人类的"文化共同体"，是人类社会共同的追求，具有明显的民族特色和地域特色。

从形态载体而言，生态文化分为有形载体和隐形载体两大类。有形载体包括森林、湿地、荒漠和绿洲等自然生态系统，以及城市、乡村、田园等人工生态系统。隐形载体包括生态制度文化、生态心理文化以及有绿色象征意义的生态哲学、环境美学、生态文学艺术、生态伦理、生态教育等。

二、中国森林文化源远流长

中国森林文化源远流长、博大精深，极大地丰富了我国现代林业和生态环境建设的人文内涵。森林文化是人类文明的重要内容，由森林文化而引申出来的竹文化、花文化、茶文化、园林文化、森林旅游文化，甚至林业哲学、森林美学等若干分支，构成了森林文化完整的架构体系。

（一）森林文化与中国哲学思想

森林文化对中国哲学思想具有重大影响，在中国哲学史上关于天（自然）与人之间相互关系的辩论一直持续了数千年。早在殷周时代就有"天人之际"的说法，春秋战国时代孟子认为天人相通，西汉董仲舒又进一步把"天人合一"的观点系统化、理论化。而战国时期的荀子以及东汉的王充、唐朝的柳宗元则提出不同看法，他们的观点主要是强调人定胜天。这些争辩，反映了人类在认识自然、改造自然的实践中所经历的漫长、充满曲折、复杂、矛盾的过程。

进入 21 世纪，人们赋予"天人合一"的朴素哲学史观以新的认识，这就是人类必须充分地认识和尊重自然规律，建立人与自然协调和谐的关系。

（二）森林文化与森林美学

森林美学作为林学和美学综合的边缘学科，由德国林学家冯·萨里施（V·Salisch，1864～1920）建立，1885 年在柏林出版《森林美学》一书，标志着这一门独立学科的诞生。他从林学出发，跨越了哲学、美学、艺术等领域，建立了完整的森林美学体系。

中国的森林美学，更多地体现在历代文人墨客、能工巧匠的诗情画意和造园艺术之中。

（三）森林文化与竹文化

竹文化是森林文化中独树一帜的一个重要分支。在人类文明发展的历史长河中，华夏儿女与竹子结下了不解之缘。中国在世界上素有"竹子王国"之美誉。据考证，距今一万年前的长江中下游和珠江流域的原始人类就已经开始利用和栽培竹类了。距今约 7000 年的新石器时代，浙江河姆渡文化遗址中就发现稻谷种子和竹席等竹制品。从西周到汉代，竹简作为当时文字记载和书籍的主要载体，至今留下了诸多传世之作。

随着竹文化的发展，竹工艺、竹食品、竹建筑、竹服饰、竹器物、竹文房、竹工具、竹乐器、竹园林、竹盆景等等，凝聚和荟萃了丰富多彩的文化艺术精品。而以竹子为主题的诗歌、绘画作品更是数不胜数。体现在竹文化中的竹子，沉淀着中华民族情感、观念、思维和理想等深厚的文化底蕴。

（四）森林文化与茶文化

中国是茶的故乡，是世界上最早种植茶、利用茶的国家，唐朝"茶圣"陆羽完成了世界上第一部茶叶专著——《茶经》。据历史考证，茶源于晋，而盛于唐，至今1700多年，形成了独特的中华茶文化。茶文化的内涵包括：茶史、茶诗、茶词、茶道、茶艺、茶树栽培学、茶叶制作学等等，其中最核心的是茶道和茶艺。中国茶道吸取儒、佛、道三教文化中的精华，讲究"和、静、怡、真"四谛。中国茶艺讲究人、茶、水、器、境、艺"六个要素"。

我国许多著名的茶叶产区集中在国家级森林公园和风景名胜区，随着改革开放与森林旅游事业的快速发展，21世纪的中国茶文化将走出大山，走出国门，成为中国先进文化中的一朵绚丽的花朵。

（五）森林文化与花文化

中华花文化植根于森林文化之中，源于自然，美在自然。千百年来，人们栽花、赏花、爱花、咏花、绘花、写花，孕育出了万紫千红、丰富多彩的花文化。从中国最早的文学名著《诗经》《离骚》，到后来的唐诗、宋词、元曲以及明清小说、散文中，将花木人格化的名篇佳句不胜枚举。可以说，世界上没有哪一个民族像中华民族这样，在对花卉的赞赏、比拟、审美之中，赋予花卉以活的灵魂和无限的生命力。

今天，我们对于花文化基本内涵的理解，已经超出了花自身所固有的观赏价值，而是追求人花相融、心物相通的境界。弘扬花文化传统，赋予花文化以时代精神，是代表新时期先进文化的重要内容，也是我们这一代人共同的责任。

（六）森林文化与园林文化

园林文化与森林及森林文化有着千丝万缕的联系。以中国园林为例，在长期的发展过程当中，中国园林形成了不同的风格和流派。南方以"秀"取胜，如苏州园林、扬州园林、杭州园林等；北方以"雄"著称，如北京皇家园林；而地处江淮的扬派、徽派园林，则以"秀"与"雄"两者兼得而闻名于世。无论哪种造园艺术，其目的都是为了追求自然景观与人造景观的协调与和谐，达到"以人为本，天人合一"的境界，让人感受回归自然、拥抱森林的乐趣。

（七）森林文化与森林旅游文化

森林旅游文化是森林文化的一个重要分支。它把森林的自然景观与人文景观融为一体，并上升到包括美学、哲学、文学、伦理学、音乐、美术等在内的文化层次上，通过各种有目的的、多形式的森林旅行、游憩活动，融入自然，回归自然，崇尚自然，享受自然，最大限度地满足人们生理、心理、伦理、保健和精神等方面的享受与需求。森林旅游作为当今世界发展势头最强劲的"绿色产业"，必将成为 21 世纪人们提高生活质量，追求回归自然的新时尚。

（八）森林文化与人类文明兴衰

森林文化的重要性集中表现在森林的兴衰与人类文明进程是紧密联系的。回顾人类历史可以看到，森林的繁茂曾为人类文明带来光明，森林的衰亡也曾把人类推向黑暗。

· 古巴比伦文明

历史上曾显赫一时的古巴比伦文明就是在沃野千里、林海茫茫的美索布达米亚平原的两河流域（幼发拉底河和底格里斯河）上兴起的。由于森林大量砍伐，草地过度放牧，生态环境日益恶化，原来大片的森林草原逐渐演变成今天的伊拉克沙漠。到公元前 4 世纪末，古巴比伦文明也因此而衰落。

· 古埃及文明

森林密布、气候湿润的尼罗河流域孕育了古埃及文明，森林的消失又使得尼罗河文明衰落下去。今天的埃及仍是世界上森林资源最少的国家之一，全国 96% 以上的土地为大沙漠所覆盖。对此，一些历史学家曾感叹道："由于森林的消失，埃及 600 年的文明，却换来了近 3000 年的荒凉和贫穷。"

- **古印度文明**

世界四大文明古国之一的印度，早在公元前 3000 年就在印度河流域繁荣起来了。印度的塔尔平原经过 4000 年的变迁，森林被砍光，草原被破坏，气候干旱恶化，终于酿成塔尔大沙漠，加上人口越来越多，形成恶性循环，印度成了一个水旱等灾害多发的国家。

- **古黄河文明**

黄河流域是中华民族文明的摇篮，上起殷商，下至北宋，长达 3000 年的历史，一直是我国政治、经济、文明中心。随着历史上战争、垦荒对森林的破坏，唐朝以后西安不再为一国之都，黄河文明也因失去森林而痛失昔日光彩。但是，与其他文明古国不同的是，黄河文明并没有因此而出现断层，而是在兼容并蓄之中继续存在，并一直发展至今，形成多民族、多文化的格局。

面对前车之鉴，我们应该深刻反思，更应意识到今天弘扬森林文化、建设生态文明的任务有多么艰巨。繁荣森林文化，是我国生态文化建设的核心，是现代林业发展的重要保障。只有从现实出发，我们的森林文化才会独具中国特色，才能随着时代进步，永远保持旺盛的生命力。

三、中国生态文化的发展方向

弘扬生态文化，倡导绿色生活，共建生态文明，是中国生态文化的宗旨，也是中国生态文化发展的主流方向。

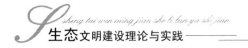

（一）大力弘扬生态文化，牢固树立人与自然和谐理念

用历史发展的眼光看，人类社会在经历了原始文明、农业文明和工业文明三个阶段之后，目前正处在从工业文明向生态文明过渡的时期。不同时期，有不同的起主导作用的文化。与前三个时期相对应的主导文化分别是原始文化、农耕文化和工业文化。而与生态文明阶段相对应的主导文化应该是生态文化。

在工业文明阶段，人类在取得了前所未有的辉煌成就，创造了巨大的物质文化财富，促进了人类社会进步与发展的同时，也遭遇了前所未有的生态危机。无节制地开发利用自然资源，大规模地污染破坏生态环境，以及由此而带来的气候变迁、土地退化、生物多样性锐减等一系列生态问题，已经严重影响了当代人和后代人的生存发展，引发了人类的深刻反思。著名生态思想史家唐纳德·沃斯特指出"我们今天所面临的全球性生态危机，起因不在生态系统本身，而在于我们的文化系统。"罗马俱乐部的创始人贝切利指出："人类创造了技术圈，入侵生物圈，进行过多的榨取，从而破坏了人类自己明天的生活基础。因此如果我们想自救的话，只有进行文化价值观念的革命。"

与强调人征服自然的工业文化根本不同，生态文化在本质上是一种注重人与自然和谐发展的文化。中华民族对"和实生物""和而不同""和为贵"和"天地一体、万物同源，道法自然，天人合一"等文化观念的传承，至今仍然在影响和改变着人们的价值取向和行为方式。

（二）大力倡导绿色生活，努力推进生产生活方式的转变

"绿色生活"是以节约、环保、健康为标志，将先进的生态文化理念融入我们日常的衣食住行和全部社会生活的一种

文明生活方式。它要求每一个社会成员从自身做起，带动家庭，推动社会，创造一种有利于保护生态环境、节约资源能源、维持生态平衡的生产方式和生活方式。它引导企业发展绿色技术，实现清洁生产，向社会提供环保、节能、健康的绿色产品；它向民众倡导适度节制消费，避免或减少对环境的破坏，崇尚自然和保护生态等为特征的新型消费行为和过程；它要求政治家承担人类可持续发展的责任，采取相应的政策措施，促进全社会形成生产和消费良性互动的绿色发展机制。

倡导绿色生活，必须遵循"5R"原则：

1. 节约资源，减少污染（Reduce）：如节水、节纸、多用节能灯，外出时尽量骑自行车或乘公共汽车等；

2. 绿色消费，环保选购（Revaluate）：如选择低污染低消耗的绿色产品以扶植绿色市场，支持发展绿色技术；

3. 重复使用，多次利用（Reuse）：如尽量自备购物包，自备餐具，尽量少用一次性用品；

4. 分类回收，循环再生（Recycle）：如实行垃圾分类，循环回收，在生活中尽量地分类回收可重新利用的资源；

5. 保护自然，万物共存（Rescue）：如救助物种，拒绝食用和使用野生动物及其制品，制止偷猎和买卖野生动物的行为。

倡导绿色生活，需抓住绿色生产、绿色消费和绿色家园建设三个重点。这里我重点讲一讲对推进绿色家园建设的一些认识和体会。

让广大民众呼吸上清新的空气、喝上干净的水、吃上绿色的食品、拥有优美的自然景观和舒适的人居环境，这是建设绿色家园最基本的标准和要求。国家林业局多年来一直致力于在全社会开展"关注森林，共建绿色家园"系列活动，取得了显著成效，为维护国土生态安全和全球环境保护事业做出了突出的贡献。然而，我们必须清醒地看到，中国正以历史上最脆弱的生态环境承载着历史上最多的人口，担负着历史上最空前的资源消耗和经济活动，面临着历史上最为突出的生态环境挑战。我们必须站在国家目标和发展战略的高度，把关注森林，植树造林，维护国土生态安全作为一项长期的任务持之以恒地抓下去，动员全社会的力量创建绿色家园，让人们真正生活在青山绿水、蓝天白云的美好环境之中。

中国花卉协会将于 2009 年 9 月在北京举办第七届中国花卉博览会。由于花卉与生态文化联系紧密，协会拟在花博会期间举办以"倡导绿色生活"为主题的生态文化专题展。展览目的是通过图片、实物以及合理布置，展示符合生态文化理念的人居环境以及与衣食住行相关的日常消费品，宣传生态文化，倡导绿色生活理念，普及绿色生活方式。

（三）广泛凝聚社会力量，共同建设生态文明

建设生态文明是人类社会发展的必然选择，也是一项长期而艰巨的工作任务和奋斗目标。需要政府强有力地推动和引导、需要各部门的密切配合和全社会的广泛参与。中国生态文化协会正是通过自身的努力，联合和凝聚全社会的力量，共同推进生态文明建设。

我们还结合中国生态文化协会的业务范围和工作职责，从 8 个方面积极探索和创新生态文化事业：（1）宣传生态文明理念，普及生态文化知识；（2）传播绿色生产、生活方式，引导绿色消费；（3）组织开展生态文化领域的理论研究，推动成果应用与示范；（4）定期评选"全国生态文化村"和"全国生态文化示范基地"；（5）定期举办"中国生态文化高峰论坛"；

（6）繁荣生态文化产业，丰富生态文化产品；（7）开展生态文化领域的国际合作与交流；（8）开展各种生态文化交流活动，组织生态文化业务培训，出版生态文化宣传刊物。

中国生态文化协会将从实际出发，通过深入调研、科学制定评选办法，适时组织开展"全国生态文化村"和"全国生态文化示范基地"评选、命名活动，在全国范围内建设一批体现区域特点和民族文化特色的生态文化示范基地，发挥其辐射带动作用，加快生态文明建设进程。具体做法是：

1. 遴选"全国生态文化村"。结合贯彻落实党的十七大提出的"生产发展、生活宽裕、乡风文明、村容整洁、管理民主"的社会主义新农村建设的总体要求，中国生态文化协会制定了遴选管理办法，将通过组织评选活动，引导广大村民和相关单位积极参与到创建生态文化村活动中来。今年的第二届中国生态文化高峰论坛，我们初步确定主题为"弘扬生态文化，建设文明新村"。把农村作为生态文化建设的重点，是因为农村涵盖面大、人口多，拉动内需、促进经济发展，农村起着十分重要的作用。加强农村生态文化建设，将有效地促进农村和谐社会建设。

2. 在森林公园、湿地公园中，评选出一批"全国生态文化示范基地"。森林公园和湿地公园都具有优美自然景观和人文景观，可供人们游览、休息或进行科学、文化、教育活动。森林公园和湿地公园所承载的生态文化信息十分丰富，在这些公园中建立"全国生态文化示范基地"必然对弘扬生态文化的起到重要的示范作用，对它们的开发与建设已成为林业可持续发展的必由之路。

3. 由协会与地方合建或协会自建"全国生态文化示范基地"。在"全国生态文化示范基地"评选中，将采用不同形式，制定不同的标准，充分体现生态文化的多样性，把符合条件的单位评选进来。

（四）积极探索和创新适应时代要求的生态文化

随着时代的发展，生态文化的多元性、多样性和开放性，从形式到内容，都会在相互渗透中融合，在相互促进中发展，在融合与发展中创新，形成适应时代、顺应潮流、丰富多彩的生态文化。为此，我们组织相关专家，研究提出了《中国生态文化体系研究初步设想》，希望用全方位、多元化、深层次、宽视野、广角度的眼光，从理论与实践、历史与现实、国内与国际这三个层面上，对中国生态文化体系开展深入、系统的理论研究、比较研究、模式研究和政策研究。

中国生态文化协会正组织高层专家在年内启动开展该项研究工作。研究工作将以现有研究成果和现代科学理念为基础，站在联系与发展的战略平台上，进行深入研究与探讨。研究成果将公开出版，力争成为当前生态文化领域最全面、最系统、最权威的专著，成为生态文化精髓之集大成者。

中国生态文化博大精深，源远流长。生态文化顺应潮流，与时俱进，必将成为构建社会主义和谐社会，推动生态文明建设的强大力量。"让生态融入生活，用文化凝聚力量。"我坚信，有国家领导人的关怀指导，有相关部门的联合推进，有关心和支持生态文化事业发展的部门和单位领导、科学家、企业家共同努力，有各界人士的热情参与，中国生态文化事业一定能走向新的繁荣，开创更辉煌的业绩，为建设生态文明不断做出新的贡献！

发展现代林业　筑牢生态屏障
全力推进大兴安岭生态功能区建设

中共大兴安岭地委书记
大兴安岭地区行政公署专员　宋希斌
大兴安岭林业管理局局长

一、地理概况

黑龙江大兴安岭地处祖国北部边陲，总面积8.3万平方千米，森林覆盖率79.83%，是我国东北、华北的天然生态屏障，是国家重要的粮之仓、牧之地、水之源和可持续发展的根基，是国家重要的生态安全保障区，在国家生态战略全局中具有特殊地位，在维护国家区域生态和粮食安全方面发挥着不可替代的作用。一是国家重要的纳碳贮碳基地。大兴安岭林区有林地面积655.1万公顷，活立木总蓄积5.14亿立方米，在为国家未来经济社会发展赢得更大生态空间方面具有举足轻重的作用，是我国极为重要的碳储库和碳纳库，据专家测算，每年仅纳碳、贮碳、制氧等方面的生态服务价值就高达1163亿元，生态价值远远高于其提供的直接经济价值。二是国家粮食安全的生命线。大兴安岭巨大的山体和茂密的森林共同抵御着西伯利亚寒流和蒙古高原旱风的侵袭，使来自东南方的太平洋暖湿气流在此涡旋，同时减缓了呼伦贝尔草原的沙化进程，为东北平原、华北平原等地区营造了适宜的农牧业生产环境，保护好这里的生态，就是保护我国的粮食安全。三是国家重要的水源地和水源涵养区。大兴安岭是黑龙江、嫩江等水系及其主要支流的重要源头和水源涵养区，森林对降雨起着再分配作用，发挥着重要的涵养水源功能，两大集水区内大小河流500余条，年径流量156.4亿立方米，为北方重镇哈尔滨、大庆、齐齐哈尔等大中城市提供了宝贵的工农业生产及生活用水，也将为实施北水南调，缓解吉林、辽宁水资源短缺提供有效的水源补给。四是国家仅有的天然寒温带生物基因库。大兴安岭是国家天然林主要分布区之一，也是我国唯一的寒温带明亮针叶林区，适生着各类野生植物966种、野生动物320种，物种十分丰富，生态系统相对较为完整，森林、灌木、草原、湿地和野生动植物资源共同形成了我国具有代表性的寒温带生物基因库，保持了我国生物物种的多样性。

二、建设生态文明，是科学发展的根本要求，也是林业发展的时代主题

人类社会的发展实践证明，如果生态系统不能持续提供安全、清洁的生产生活要素，经济社会发展也就失去了载体和根基。近一个时期以来，党和国家把保护生态环境、维护生态安全、建设生态文明摆上了前所未有的高度，在党的十七大、国家扩大内需政策以及刚刚召开的中央林业工作会议上相继做出了一系列重大安排和部署，大力推进生态文明建设，已经越来越成为全社会的广泛共识。大兴安岭作为国家

生态安全重要保障区和黑龙江省生态功能保护区，保护森林资源的责任更加重大，维护生态安全的使命更加神圣。正是基于这样的认识，"十一五"以来，我们认真贯彻落实党中央国务院、国家林业局和省委省政府的各项部署，深入贯彻落实科学发展观，把生态优先理念贯穿于经济社会发展的始终，创造性地提出了"实施生态战略，发展特色经济，建设社会主义新林区"和"生态立区、工业富区、项目兴区、打造园区、富民强区"的工作思路，着力构建"三大体系"，加快推进生态功能区建设，走出了一条在保护中发展、在发展中保护的生态经济之路。

（一）坚持生态优先，构建完备的森林生态体系

保护好森林资源是构建生态功能区的核心要求。我们在没有相关配套政策支持、每年减少收入近亿元的情况下，全面停止了加格达奇、呼玛县的主伐生产和全区的樟子松采伐，主动调减活立木产量 202.74 万立方米，减少森林资源消耗 298.38 万立方米。超常规完成了"以煤代木"工程，干成了几代人想干而没有干成的"烧柴革命"，每年减少森林资源非经营性消耗 99.6 万立方米，年递增森林生态效益价值达 47 亿元。全面加强流域治理，顶住压力、破除阻力，开展了大规模沙金禁采行动，累计清除和销毁采金设备 2417 条，从根本上遏制了沙金开采对嫩江源头生态环境的破坏。敢于向盗取林木的违法行为"亮剑"，累计查处资源林政案件 724 起。始终坚持"超前预防"的方针，林火防控和应急能力显著增强，2009 年春防期间，扑火首战成功率 100%，特别是成功扑灭了"5·15"大范围雷击火，取得了春防的决定性胜利。强化后备资源培育，率先在国有林区全面推行了营林工程化管理，累计投入 4.87 亿元的资金用于生态建设，完

成矿区治理 1582 公顷，退耕还林 4.9 万亩，火烧区植被恢复 25.7 万亩。正是由于我们坚持多措并举、务实超常地加大了资源保护力度，从而使大兴安岭的生态环境得到有效改善、森林资源得到有效保护，为生态功能区建设奠定了坚实的物质基础。

（二）坚持发展至上，构建发达的林业产业体系

建设生态功能区需要培育符合生态要求的生态主导型产业。我们坚持以基地带产业的发展战略，全力打造国内外知名的生态休闲旅游、林木产品加工、环保型有色金属冶炼及能源转化、绿色食品生产加工等五大基地，接续产业发展方兴未艾，生态旅游、矿产开发、林产工业、绿色食品等六大产业连续三年保持 20％以上的增长速度，林区经济对林木资源的依存度已由天保工程实施初期的 90％下降到现在的 52.9％。全面启动了大兴安岭对俄经济贸易合作园区建设，成为五年来唯一享受省级开发区优惠政策的园区，目前已引进入园项目 21 个，有 12 个项目相继进入生产和试生产阶段，为产业集聚、资金流入搭建了广阔平台。深入实施大项目带动战略，成功引进了云南冶金、辽宁虹京钼业等一批超亿元的产业大项目。集成材结构木梁添补了国内空白，创造了中国标准。漠河机场在全省同期批准建设的四个支线机场中率先通航，创造了我国首家在寒地连续冻土带上建设民用机场的奇迹。特别是 2009 年我们启动了总投资 259.45 亿元的十个基础设施项目、十个产业项目和十个民生项目的"三个十工程"，这些项目建成投产后，将进一步增强区域经济发展后劲。2009 年上半年，全区经济逆势上行，地区生产总值增长 12.8％，达到近十年来同期增速最高值；财政一般预算收入增长 39.1％，连续

三年保持 30％以上的增速；城镇固定资产投资增长 43％，投资规模达到历史最高水平。

（三）坚持文化引领，构建繁荣的生态文化体系

生态文化建设是塑造人与自然和谐相处的核心价值之一。我们充分发挥生态文化对经济社会发展和生产生活方式的导向作用，积极倡导文明生活方式，大刀阔斧地推行了殡葬改革，彻底结束了林区 40 多年的土葬历史，每年节约优质木材 9200 立方米，减少林地占用面积 11.5 万平方米。高起点打造地域文化精品，连续举办了 19 届中国漠河北极光节，2009 年我们又举办了中国首届国际蓝莓节暨山特产品交易会。修建了全国最北的 3S 级映山红滑雪场，通过举办黑龙江滑雪节大兴安岭开滑式暨中国加格达奇国际冬泳邀请赛、全国首届雪上技巧比赛、中国漠河国际冰雪汽车拉力赛等节庆赛事，集中展示了独具魅力的冰雪文化。加大了鄂伦春族民俗文化的挖掘和开发，扶持发展桦树皮、兽皮手工艺品，鄂伦春族萨满舞等 6 个项目被列为黑龙江省非物质文化遗产保护名录。开展了以森林、湿地等为题材的版画创作，先后有 164 幅版画作品在国内外报刊发表并获奖，被文化部授予"全国优秀版画艺术之乡"。管乐文化得到传承和发扬，漠河北极光女子管乐队在 2009 上海国际音乐节管乐艺术大赛上荣获金奖。生态文化体系不断完善，相继建成了 9 个国家级和省部级自然保护区、大兴安岭资源馆、"5·6"火灾纪念馆等一批生态文化基地，全面展示了大兴安岭丰富的自然资源和开发建设历程。通过构建主题突出、内容丰富、贴近生活、富有感染力的生态文化体系，营造了全社会关心、支持生态建设的文化氛围。

三、对大兴安岭生态功能区的
全新认识和思考

经过几年的探索和实践，大兴安岭生态功能区建设取得了显著成效，使我们对林区经济发展规律有了全新的认识和把握，也引发了我们一些更为深刻和理性的思考。

（一）全力推进生态功能区建设，必须上升为国家战略

由于大兴安岭生态地位特殊，现存问题较多，解决难度较大，需要投入大量的人力、物力和财力，仅火烧区森林植被恢复和低质低效林改培项目，就需要建设资金 100 亿元，如此大的投入，仅靠省、地政府有限的财力是难以解决的。希望国家能够把大兴安岭生态功能区建设上升为国家发展战略，纳入国家主体功能区规划，在全面停止商品材生产、重点公益林建设、森林防火经费等方面，切实加大国家财政的投入力度，以最大限度地恢复大兴安岭森林系统的生态功能。

（二）全力推进生态功能区建设，必须加快经济发展

实践使我们深刻地认识到，要从根本上保护森林资源，就必须调整获取经济效益的途径，全力加快经济发展。结合大兴安岭实际，我们将以生态功能保护区建设为目标，在建设"五大基地"、培育"六大产业"的基础上，协调区域经济发展，加大资源整合力度，合理调整产业格局，倾力打造板块经济，争取利用 2～3 年的时间，彻底摆脱经济社会发展对木材的依赖，实现再造两个大兴安岭的奋斗目标，为生态功能区建设提供强有力的物质支撑。

（三）全力推进生态功能区建设，必须实现政企分开

大兴安岭林区自开发建设以来一直实行"政企合一"的

管理体制，客观上导致了林业企业负担沉重，扣除天保工程已列支部分，依然存在着 6.3 亿元的资金缺口，这无形中加重了对森林资源的压力。目前，我们已经启动了十八站林业局综合配套改革试点和新林林业局宏图林场改革试点，进一步理顺林业管理体制，内部模拟政企分开，在国有林区体制改革上迈出了关键一步。为全面实现政企分开的目标，仅靠地方的努力是远远不够的，需要国家在综合配套改革、政府职能移交、林业职工安置等方面，进一步加大政策和资金支持力度。

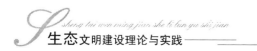
倡导生态道德　推进生态文明建设

北京大学生态文明研究中心主任　陈寿朋

　　胡锦涛总书记在党的十七大报告中指出，生态文明建设是实现小康社会的奋斗目标之一，并明确地将"生态文明观念在全社会牢固树立"作为生态文明建设的重要内容写入报告。这是全面落实科学发展观、构建和谐社会执政理念的新发展。它既是对人类文明进入新的转型期的规律性把握，也是对当代中国科学发展理念的实践性提升。生态文明作为人类文明发展的新阶段，将成为中国特色社会主义的发展方向，并将给我们带来世界观、价值观、生产和生活方式以及社会结构的转变，从而形成维系社会和谐发展的力量。推动生态文明建设深入发展，必须从理论和实际的结合上把握生态文明的含义、基本结构形态以及生态文明建设的重要价值和意义；在实践和方法论上把握生态文明观念形成和生态道德建设的基本路径，加强生态道德教育，牢固树立全社会的生态文明观念。

一、全球生态危机与生态道德问题的提出

　　生态文明是指在工业文明已取得成果的基础上，人类用文明进步的态度对待自然，努力改善和优化人与自然的关系，认真保护和积极建设有序的生态运行机制和良好的生态环境，

所取得的物质、精神、制度方面成果的总和。生态文明就其内涵而言，主要包括生态意识文明、生态制度文明和生态行为文明三个方面。

生态意识文明是人们正确对待生态问题的一种进步的观念形态，包括进步的生态意识、进步的生态心理、进步的生态道德以及体现人与自然平等、和谐的价值取向。就这个意义上讲，生态道德建设和生态道德教育，不仅是生态文明建设的一个重要组成部分，而且是实现生态文明的重要途径和基本前提。

推动生态文明建设，需要全体公民具有较高的生态道德水准，必须加强全民生态道德教育。各国在生态环境治理方面的经验教训充分证明了这一点。为解决日益严重的生态环境问题，许多国家先后设立专门机构，采取经济、立法以及技术手段来保护自然和生态环境，但由于缺乏生态道德精神的支撑，人们的生态文明观念淡薄，这些措施均未能唤起人们对自然爱护和对环境保护的自觉意识和行动，生态环境恶化的趋势也未能从根本上得到遏制。公民的生态道德意识的淡薄，生态道德的缺乏是现代生态悲剧的一个深层次根源。因此，建设生态文明要求我们必须把道德关怀引入到人与自然的关系中，树立起人对于自然的道德义务感，变习惯号令自然、改造自然的"主人"为善待自然、与自然和谐相处的"朋友"，变人在自然之上为人在自然之中。只有这样，才能把生态文明建设变为全民的自觉意识和自觉行动，最终实现人与自然的和谐相处。

然而，这个科学认识却是人类在经过了漫长的历史进程并付出沉重代价后才得出的。

人类生于自然，依赖于自然，是自然的一部分。在原始社会阶段，人类和自然的关系还处在相对和谐的状态，人还是自然之网中比较被动的一部分。农业社会阶段，人类开始摆脱自然之网的束缚，虽然人利用自然的能力大大提高，但对自然界还没有造成大的破坏。进入工业社会后，随着科技进步，人类改造自然的能力空前提高，人类征服自然、支配自然的欲望也变得更加强烈。在大规模工业化生产，在实现社会财富急剧增长的同时，人类肆无忌惮地向自然索取，使自然环境遭到空前浩劫。从19世纪中叶到20世纪中叶，世界主要资本主义国家先后完成了传统工业化过程，也使自然生态环境急剧恶化：人口膨胀、粮食危机、资源枯竭、能源匮乏、空气污染、水体污染、土地荒漠化、森林退化、臭氧层破坏、全球变暖、生物多样性减少、极端天气增多等等，都达到了相当严重的程度。到20世纪五六十年代，原本已经十分脆弱的地球生态环境由于两次世界大战的重创而雪上加霜。一些主要资本主义国家片面追求各自的经济利益，不正当竞争和大规模地推进工业化，使人与自然之间的矛盾不断激化，生态环境岌岌可危。但是，大自然是不可征服的，它以其固有的规律和方式向人类这种非理性行为进行报复。"公害事件"层出不穷。著名的世界八大公害事件（"洛杉矶光化学烟雾事件""日本富士山事件""马斯河谷事件""多诺拉事件""伦敦烟雾事件""水俣事件""四日事件""米糠油事件"）最具典型意义。自然生态环境恶化和蜕变正从局部的区域问题演变为影响全球的生态危机。人类已经失去了基本的安全感。

这一切迫使人们不得不回过头来，重新审视、反思自身的行为和观念，重构自己的道德观和价值体系，并以此来认识和处理人与自然之间、人类的代内和代际之间的关系。生态道德问题就是在这一背景下提出的。

二、生态危机发生的直接原因

今天人类所面临的全球性生态危机主要是在人类进入工业文明阶段后才急剧爆发的。就是说,工业文明带来的环境污染、资源耗竭、人口膨胀是造成生态环境灾难的直接原因。其具体表现为:

(一) 人为环境污染导致生态环境危机

工业化大生产以及与之相适应的城市生活产生了大量的废气、废水、废渣,日常排污是破坏生态环境的主要污染源。与农业文明时代不同,现代工业是以化工工业为基础的,因此,现代社会的"三废"物中含有大量有毒有害物质,其污染力相当强。与日常排污相比,突发环境公害事件对生态环境的污染和毒害作用往往更加剧烈。例如,2005 年 11 月吉林化工厂爆炸事件就对相关流域造成了大范围的污染。此外,现代战争也是导致生态环境灾难的重要原因。例如,贫铀弹在海湾地区和科索沃留下的污染可能持续危害上百年甚至数千年。

(二) 对资源的盲目开采和低效率利用导致资源危机

以我国为例,我国本身就是一个人均资源短缺型国家,再加上技术水平较低以及采取粗放型经济增长方式,资源的消耗又远远高于发达国家水平。据统计,我国现在经济增长成本高于世界平均水平 25%。按美元计算,我国现在每百万美元 GDP 所消耗的能源是美国的 3 倍,德国的 5 倍,日本的近 6 倍。加之我国目前又正处在经济高速增长期,国内外投资有增无减,其结果就只能是进一步刺激对资源的盲目开采,

导致资源利用的恶性循环。

（三）人口膨胀的压力超过了生态系统的承载力

由于社会生产力的发展，尤其是现代医疗卫生技术的进步和普及，世界人口出现了"爆炸式膨胀"。人口的极度膨胀给整个生态系统带来了巨大压力。一方面，人口膨胀造成了资源消耗的增加，另一方面，人们不得不破坏更多的森林、草原以换取生存空间，从而造成绿地减少，导致了水土流失、物种多样性退化等。此外，人口膨胀还造成了环境污染的加剧，为了让有限的耕地供养不断增加的人口，人们大量使用农药、人工肥，造成了土壤和水源的进一步污染。

三、生态危机发生的深层次原因

生态危机是人类科技进步的副产品。但科技本身没有能动性，只有工具的属性。造成生态危机的罪魁祸首还是掌握了科学技术的人类自身，是人类滥用科学技术的失范行为。失范行为背后隐藏的则是传统的自然价值观、传统的发展观和传统的人际道德观的作用，即传统的道德文化作用。

（一）人与自然相割裂的传统的自然价值观

自然价值观是指关于人与自然的关系及其存在价值的观念意识。在人类历史上，在主流的传统自然价值观中，人与自然始终是割裂的。

在原始社会阶段，人类崇拜自然、敬畏自然，把人当作自然的奴隶。到了农业文明时代，人类又开始崇拜高于自然的神，相应地把人当作神的子孙，而把自然当作神对人的馈赠。进入工业文明以后，由于科学技术的进步，自然在人心目中的神秘感被人的科学理性所替代。在欲望的驱动下，人类对自己的科学理性过于乐观，从而使人类对自然原有的一点点敬畏也被剥夺了。人成了自己的神，自然则成了人的战利品。在这一背景下，绝对化和片面化了的"人类中心论"理念成为当时的主流自然价值观。

"人类中心论"的核心内容是以人的利益和价值为中心。当这种理念被绝对化、片面化时，就表现为：自然只是人类征服的客体，自然所具有的全部价值只是为人所用的工具价值和商品价值。换句话说，矿产、能源、空间、动植物都是达成人类某种目的、满足人类某种欲望的工具、手段。它们本身自生自灭是没有意义的，只有在被人类消费时才能体现出其价值。

综上所述，我们不难看出，传统的自然价值观，尽管在不同社会发展阶段有着不同具体表现形式，但贯穿这种价值观始终的主要特征是：人与自然是割裂的、分离的，忽略了人是自然的一部分；人是独立于自然界之外的特殊物种；人和大自然之间是不存在道德关系的。

（二）唯经济增长论的传统发展观

在 20 世纪 70 年代以前的相当长时期，人类所奉行的始终是唯经济增长论的发展观。之所以称这种发展观为唯经济增长论，是因为这种发展观，一是只注重经济发展，忽视了人类社会的其他方面的发展；二是将经济发展等同于经济数量的发展，忽视了经济质量和效益的提高。这是一种只看物质生产，不看社会进步的发展观，是只求产出、不惜消耗的发展观。因此，有学者形象地把它称为"GDP"崇拜发展观。二战以后，包括我国在内的大多数发展中国家都奉行的是这种发展理念。

长期奉行这种唯经济增长论传统的发展观造成了两大弊

病：一是单纯追求物质财富的增长，结果导致社会发展失衡；二是过分强调数量增长，忽视发展质量，使经济发展呈现出"高增长、高消耗、高投入、高污染"的特征。过度消耗自然资源，引起环境污染、资源匮乏、生态失衡等诸多问题，产生了难以弥补的"生态赤字"。

（三）缺位的传统人际道德观

道德是一种社会意识形态。它是依靠善恶、正义非正义、公正不公正、真伪评价来约束、调整人的行为的准则和规范。因此，道德问题的核心是评价标准的确立。道德的作用是如何运用一定的善恶标准来规范和约束人的需要或欲望。

"需要"是人与生俱来的自然本性，而依人的自然本性，需要是无限的。因此，如果人的需要没有道德、法律、习俗等约束的话，必然引发人与自然，人与社会、人与人之间的激烈冲突。道德在调整人的需要和行为方面的作用是不言而喻的。因此，一旦道德标准出现错位或缺失，它导致的问题和危机也是巨大的。传统道德观在评价人与自然关系方面就存在着严重错位和缺失。主要表现在：

一方面传统的道德观仅涉及人与人、人与社会之间的道德伦理，人对自然不承担任何直接的道德责任和义务，人对自然的破坏只有到了危害他人的时候，道德规范才发挥约束作用。例如，上游村落如果给河流改道并影响到下游村落的灌溉时，就会被视为不道德行为。但下游村落如果把大量生活垃圾倒进河流中但并没有直接影响到上游人生活时，就不被人们视为不道德行为。由于人对自然不承担直接的道德责任和义务，其结果就是，人类破坏自然生态的行为如果在当时的科学认识水平下没有显现出对人类的危害，那就被认为是道德的、可行的。

另一方面，传统道德观仅涉及当代人的伦理道德，而没有涉及当代人对后代人的道德义务。当代人消耗自然资源的行为是否影响到后代人的生存发展，是不受道德约束的。其结果就是，即便当代人破坏自然的行为被认为对人类长远利益，对后代人利益有害，但只要不危害当代人的利益就是道德的、可行的。由于传统道德观的缺位和道德标准的缺陷，人类破坏自然的行为没有得到应有的约束。

严重的环境破坏和生态危机的爆发，迫使当今人类不得不对传统的自然价值观、发展观和人际道德观进行反思，并重塑现代生态价值观。现代生态价值观的形成要求构建新的生态道德观和科学发展观，同时新的自然价值观和科学发展观也需要新的生态道德观的维护。因此，开展生态道德建设和全民生态道德教育成为时代的必然要求。

四、当前我国生态道德缺失的现实表现

总的来看，随着全面落实科学发展观和生态文明建设的进展，人们的环境意识和生态观念也在日益增强，关心、支持和参与环境保护以及关爱自然的自觉性不断提高。但由于历史的积淀和某些工作的缺失，在现实生活中，还存在着许多违背生态道德的认识和行为。因为道德观念具有强烈的传统性和遗传性特征，在现实环境已经发生改变的情况下，与新的环境不相适应的传统道德观念往往还会延续很长时间。这也从一个侧面说明了生态道德建设的长期性和复杂性。

当前我国生态道德的缺失主要表现在以下几个方面：

1. 在发展问题上，违背科学发展观思想、只追求 GDP 经济增长的落后发展观念依然大有市场。胡锦涛同志在论述

科学发展观时指出："发展是以经济建设为中心，经济、政治、文化相协调的发展，是促进人与自然和谐的可持续发展。"这一论断表明，衡量经济社会发展应以人类的可持续发展和长远利益为根本尺度。任何急功近利的短期行为，任何仅为今天而不惜牺牲明天，"吃祖宗饭，断子孙路"的行为，都是极不道德的。但事实上，"先要温饱，再要环保""先发展，后治理"的观念仍然在一些地方相当流行；把发展等同于经济增长的观念仍然很有市场；一些高能耗、高污染的行业，仍然是一些地方重复投资建设的热点。

2. 在生产方式上，目前绝大多数工业企业采取的仍是非清洁、非循环的生产方式。有的企业污染物的排放长期超标，虽几经纠正却不见明显改善。在林业方面，乱砍滥伐、竭泽而渔的行为还时常发生。工业用地、商品房开发随意占用耕地的现象仍然十分严重。这说明，"破坏资源环境就是破坏生产力，保护资源环境就是保护生产力，改善资源环境就是发展生产力"这一生态道德理念，在人们的头脑中还没有真正确立。

3. 在科技发展上，是合理利用科技提高效能还是滥用科技破坏环境，这一科技创新、科技进步的评价标准还没有真正树立。科学技术是社会生产力发展的巨大动力，它创造了社会财富，提高了人们生活，同时也造成生态环境破坏。在已经过去的几个世纪中，人类在科技领域已经不止一次地打开了"潘多拉的盒子"，全球变暖、臭氧层受损、沙漠化加剧、物种灭绝及核武器威胁等，都与科技的发展有关。当然，生态危机不是由科学技术本身造成的，而且解决生态问题很大程度上还要靠科学技术的进步发展来完成。解决问题的关键取决于人们能否对科学技术合理利用。但是，目前仍有不少地方，只顾追逐高利润，宁要高耗能、高污染、低成本的技术设备，而不要清洁生产和循环生产技术。甚至置污染环境、破坏生态、损害人类健康于不顾，大搞假冒伪劣，那就不止是生态道德的缺失问题了。

4. 在消费领域中，适度、合理、环保的消费方式和消费理念还远远没有深入人心。消费方式依赖于生产方式，同时也取决于人们对生活价值取向的定位。消费方式、消费理念的转变对生产方式的转变也起到促进作用。生态道德问题在消费领域集中表现为消费行为本身是否符合适度、节俭、环保的要求。当前，一些人仍然抱着奢靡享乐的消费观，以随心所欲的占有和消费为乐、为荣，而不考虑消费行为所带来的生态后果。例如，有的人为饱口福而滥杀野生保护动物，这就是一种典型的违反生态道德的消费观。

5. 在人口生育问题上，有悖生态道德的传统生育观念，在我国尤其是在我国农村还有根深蒂固的影响。人类的生育观及在生育观指导下的生育行为渗透了道德观念。我国传统道德文化里都把"多子多孙""儿孙满堂""不孝有三，无后为大"等作为正常的伦理道德理念。在新时代，尽管这些观念不符合生态道德要求，但在相当多的地方，特别是在我国农村这些观念仍然根深蒂固地存在着，这就加重了生态环境的人口压力，也使得国家计划生育这个基本国策的贯彻实施困难重重。

6. 在政绩观上，违背科学发展观、违背生态道德的政绩观在一些领导干部中还依然盛行。政绩观与发展观是密切相连的，能否全面树立和落实科学发展观，实现人与自然的和谐发展，关键在于领导干部能否以科学发展观为指导，树立正确的政绩观。目前，有一些地方的领导干部，依然只把

GDP的增长看作唯一的政绩，为了本地区的经济增长，不惜牺牲全局和长远利益，纵容保护污染企业，大搞地方保护，有的降低环保门槛招商引资。这些都是违背科学发展观、违背生态道德的落后政绩观的表现。

事实表明，在广大人民群众中间，尤其是在一些领导干部和公职人员中，加强生态道德和环境意识教育，补上生态道德这一课，对国人牢固树立生态文明观念，落实科学发展观，从根本上解决我国的生态环境问题至关重要。

五、人类应成为承担生态道德义务和责任的道德主体

人类作为地球上唯一的道德主体，不仅应该从道德角度考虑人际关系问题，而且还要从道德角度考虑人与自然的关系问题，设身处地地为地球上的其他存在物着想，切实用道德来约束自己对自然的行为。人类对自然的开发和利用，不仅要考虑有利于满足自己的需要，而且要考虑有利于生态系统的稳定和其他物种的繁荣。一言以蔽之，人应该成为生态道德和良知的体现者，自觉地承担起维护生态平衡和促进生态发展的责任。

人既然拥有为了生存而开发和利用大自然的权利，也应该相应地担负起一定的生态道德义务和责任。这是因为，生态危机具有人为性，即它主要是人们滥用对自然的权利造成的，其中很大程度上是道德因素。也就是说，道德和权利概念不仅涉及动物，而且涉及植物以及土地、河流和其他无感觉的自然因素。人类应将道德关怀的对象从人扩展到人以外的自然界，把整个非人类的世界都纳入道德考虑的范围。

人与自然的关系之所以具有道德意义，是因为这种关系最终反映着人与人、人与社会之间的关系。当代人对自然资源的滥用和无节制消费导致的生态失衡和环境污染，不仅直接损害到当代人的利益，而且还损害到后代人的利益。对于开发和利用自然来说，后代人拥有与当代人一样的权利，当代人应当明智地担负起与后代人合理分配自然资源的责任，自觉接受和履行给后代人留下适宜其生存的自然空间的义务。显然，这种人与自然之间的关系，实际上成为人与人之间关系的一部分，因而具有了道德意义。

同时，人类生存环境包括人类生命维系系统的全部要素，即自然环境和社会环境及其辩证统一体。人与自然的关系不仅会成为人与人之间的关系，而且会成为人与社会之间的关系。正是从人类生存和发展的根本利益、长远利益出发，为了人类子孙后代的健康生存和发展，我们必须维护生态平衡，恢复和保护环境质量。总之，人与自然的关系所以具有道德意义，归根结底是因为这一关系最终影响着人的社会现实生活，触及人的现实和长远利益。

六、走向生态文明时代的生态道德

道德是历史发展的产物。人类的道德素质和水平，伴着时代的发展而进步，随着社会文明程度的增强而提高。生态道德作为一种新型的道德，既反映着人与自然的伦理关系，也反映着人与人、人与社会的伦理关系，不仅是人类道德进化的必然产物，而且是人类社会进一步走向文明的重要标志。

生态道德思想同样也有一个历史生成过程。中华文化的传统道德中包含了朴素的生态道德思想，在浩如烟海的中国古代典籍中，体现朴素的生态保护思想的文字俯拾皆是。在关于人与自然的问题上，中华文化将人与自然看成一体，强调顺应自然，按自然规律办事，谋求天地人的和谐。

从 20 世纪中叶起，为了从根本上解决工业化进程对生态环境的破坏，一些西方有识之士在继承前人朴素的生态理念的基础上，开始了人对自然所应承担的义务与责任的反思。例如，1952 年英国学者施韦兹提出了"敬畏生命的伦理学"，认为只有当一个人把植物、动物的生命看作和他的同胞生态一样的时候，才是一个真正有道德的人。自此开始，生态道德理念逐渐进入人类道德领域，并在其中占据了越来越显著的位置。

随着人类迈入生态文明时代，生态道德又被赋予了更新更重要的内容。

生态文明时代的生态道德或现代生态道德，是以人对生态、环境的爱护与尊重为出发点，是人类保护生态、环境的基本原则和行为规范的总和，是关于人类实现可持续发展战略目标的伦理道德基础。简而言之，生态道德就是把人类在人与自然共同体中的"征服者、主宰者"角色变为这个共同体中平等、友善的一员。

责任、公平与和谐是现代生态道德最主要的原则。现代生态道德主张人对自然界是有道德责任和义务的；现代生态道德涉及人际公平、代际公平和国际公平，是建立在人与其他生命和环境之间的公平基础之上的生态道德观。人与自然生态之间必须公平相处。它把这种公平原则从人与社会关系领域扩展到人与自然关系领域。可以把生态、环境伦理道德原则简述为：所有的人都享有生态、环境不受污染影响的权利，并承担有保护（不损害）环境，使子孙后代满足其生存发展需要的责任；地球上所有生物物种都享有栖息地不受污染影响的权利，人类承担有保护（不损害）生态、环境的责任；每一国家都享有生态、环境不受污染和不被破坏的权利，一个国家的发展不能以牺牲其他国家的环境质量和生态利益为代价；每一个人都有义务关心他人和关心其他生命，侵犯他人和侵犯其他生物物种生存权利的行为是违背人类道德责任的行为，要加以禁止。

从表象看，人际公平似乎只是讲人际道德问题，实际上是和人与自然的公平融为一体的，人际公平以人与自然的公平为基础。因为，当一部分人对自然生态施加不道德行为的时候，同时就影响到另一部分人的生活乃至威胁生存，那么这种对大自然的不道德行为，实质上就是人际间的不道德行为。国际公平，更是与全球全人类的生态安全融合、交织在一起。比如，臭氧空洞的形成，温室效应导致的全球变暖、大气污染、气候灾害增多等，与各国都休戚与共，密切相关。所谓人类的生态道德，就是人在与自然相处中应当遵守的行为规范，其中最主要的就是人类与自然之间生死与共的道德关系。保护人类和其他动植物生存的权利，塑造人们自觉关爱大自然的生态意识，构建与自然和谐相处的生态文明社会，是生态道德建设的最高目标。

现代生态道德文化，是一种全新的道德意识，它与传统道德文化有着许多本质的不同。主要有：

1. 传统道德文化认为，人与自然界是割裂的，是游离于自然界之外不同于自然界其他物种的特殊物种，是大自然的主宰。现代生态道德文化认为，人和自然界中其他物种一样，是自然界大家庭中的一员。

2. 传统道德文化认为，只有人与人、人与社会之间才有道德关系，因此，也只有人才是目的，才能获得道德权利和道德待遇；现代生态道德文化认为，人与自然界的所有物种都有道德关系，因此，所有物种也同样应获得道德权利和道德待遇。

3. 传统道德文化认为，生态系统和生态资源价值是无限的，因而人可以随心所欲地利用和获取自然界的资源价值；现代生态道德文化认为，自然界的资源价值是有限的，人类索取自然资源价值，必须控制在资源价值所允许的尺度之内。

4. 传统道德文化认为，发展只是经济的增长；现代生态道德文化认为，发展是包括人自身在内的物质、文化、政治、经济等各个方面的共同协调发展。现代生态道德文化摒弃了人类中心论。它主张：生存需要是第一位的，在权衡需要的先后顺序上，遵循生存需要高于基本需要，基本需要高于非基本需要。当人类与非人类利益发生矛盾时，坚持人的生存需要高于其他生物的生存需要；其他生物的生存需要高于人的奢侈的非生存需要。当人类与非人类的同类利益发生冲突时，应以人的利益优先；在必须做出选择时，应以与人关系亲近者利益优先。在整体利益与局部的关系上，坚持整体利益高于局部利益。对于生态系统而言，就是一切生命个体活动都应服从整个生态系统的需要。

5. 传统道德文化不关注和少关注代际之间的道德关系；现代生态道德文化不仅关注代内之间的道德利益关系，而且必须关注并处理好代际之间的道德利益关系。

现代生态道德也有别于早期环境主义者的生态道德观。比如，现代生态道德既破除了从人类中心主义出发制定的道德原则和规范，强调把人类生存发展的价值和利益纳入生物圈共同体与进化的整体之中考虑；同时也强调不能按照自然中心主义的观点制定基本的道德原则和规范，不能脱离人的价值和利益，只讲对自然物本身的道德。

生态道德文化作为一种先进的文化和全新的价值观，在全面落实科学发展观和建设社会主义生态文明的伟大实践中，需要不断完善、发展和成熟。因此，必然会遇到许多新问题、新情况。比如，如何减少发展对自然的负面影响；如何把握"以人为本"而又不陷入"人类中心主义"；如何面对外来文化的冲击，在坚持社会主义核心价值体系的基础上，塑造我国人民的生态道德观；等等。这些都是在建设我国生态道德文化中不可回避的重大课题，都需要我们在有中国特色社会主义理论架构中，以科学发展观为指导，立足我国的实际，进一步解放思想，弘扬中华民族优秀文化传统，大胆借鉴吸收国外一切成功的文明成果和经验，在理论和实践的结合上加以探索研究。中国生态道德教育促进会长期致力于我国生态道德建设和生态道德教育事业，我们愿和全国的有识之士一道，为构建适应我国国情、具有中国特色的生态道德文化体系，为推动社会主义生态文明建设做出更大的贡献。

坚持以人为本　不断提升
生态文明建设的惠民度

中共丽水市委书记　陈荣高

　　我所工作的浙江省丽水市，一方面是地处浙西南"九山半水半分田"的发展中新兴城市，根据《中国城市竞争力报告》，城市综合竞争力在全国 294 个地级以上城市当中已经跻身前 100 位（第 99 位），但加快发展的任务还是很繁重；另一方面，生态优势是丽水市最大的优势，丽水有着"中国生态第一市"的美誉，9 县（市、区）的生态环境质量全部进入全国前 50 位，其中有 4 个县进入全国前 10 位，庆元县为全国第 1 位；根据浙江省发展规划研究院的研究报告，丽水市森林和湿地生态系统每年能提供 1800 多亿元的生态服务价值。党的十七大首次明确提出建设生态文明的战略要求后，我们结合浙江省委"把丽水建设成浙江生态屏障和新的经济增长点"的发展定位，深刻认识到对于丽水这样一个以生态优势为最大优势、以加快发展为最大任务的发展中城市来说，必须在同步推进全面小康社会建设的同时，把建设生态文明作为实现经济社会发展历史性跨越的根本途径。为此，2008 年初我们提出了建设生态文明和全面小康社会两大战略目标，并组织编制了《丽水市生态文明建设纲要（2008～2020）》，这是全国率先组织编制并系统推进实施生态文明建设的战略性纲要。《纲要》的规划目标是以"三步走"的形式，力争到

2020年建成一个人与自然、人与人、人与社会和谐相处，富强、民主、文明、和谐的新丽水。其中2008～2012年的第一阶段是关键，将力争在与全省同步基本实现全面小康之时，围绕成为全国生态文明建设的先行区和示范区，积极推进发展生态经济、优化生态环境、弘扬生态文化"三大任务"，扎实作好生态保护、恢复、优化、建设"四篇文章"，着力实施生态产业、生态集聚、生态设施、生态涵养、生态文化"五大工程"，努力实现居住、饮食、休闲、旅游、创业"五个在丽水"。

在生态文明建设的实践中，我们进一步认识到，作为文明发展理念、道路、模式的重大进步，建设生态文明与贯彻落实科学发展观、构建社会主义和谐社会是根本一致的，都要求以文明、科学、符合先进生产力要求的方式开发自然，在人与自然、人与人、人与社会和谐共生的基础上促进经济社会又好又快的发展，最终实现人民群众生活水平的不断提高和生活质量的持续改善。基于这样的认识，我们始终把生态立市和以人为本统一起来，把改善民生作为生态文明建设的出发点、落脚点和结合点，坚持用民生需求来"倒逼"生态文明建设，用民生改善的成果来衡量生态文明建设的成效。我们的主要做法是：

1. 突出生态文明建设和改善民生有机结合的动力在于改革，坚持把深化生态功能区调整、山区农民异地转移、集体林权制度"三大改革创新"作为首要前提。在深化生态功能区调整的改革创新上，围绕"在哪里发展、怎样发展"，致力于"该保护的严格保护好、该开发的科学开发好"，实行差别化的区域开发和环境管理政策。根据区域经济社会发展特征和生态环境要素、生态环境敏感性、生态服务功能空间分异规律，实行生态功能区小区化，其中禁止准入区、限制准入区、重点准入区、优化准入区分别占区域面积的 18.02%、77.01%、3.98% 和 0.99%。同时，积极争取省级重点生态公益林扩大面积 500 万亩，使生态公益林面积达到林地总面积的 50% 以上。在深化山区农民异地转移的改革创新上，围绕"人往哪里去"，致力于转移农民、减少农民、富裕农民，促使山区农民异地转移与农村劳动力转移，与培育中心镇、中心村，与节约集约利用土地资源、保护生态有机结合。我们通过推进以整村搬迁为最大特征、以"三个彻底"（彻底摆脱贫困、彻底恢复生态、彻底远离危险）为根本要求的山区农民新一轮异地转移，仅 2008 年一年就实现农民异地转移7172 户、25648 人，全市整村搬迁 366 个村、5225 户、18258 人，占搬迁总人数的 71.2%。在深化集体林权制度的改革创新上，围绕"钱从哪里来"，致力于解决林业史上盘活森林资源资产和农村信贷史上以林权为抵押物两大难题，因地制宜地推行了"林农小额循环贷款""林权直接抵押贷款""森林资源收储中心担保贷款"等林权抵押贷款模式；为方便林农及时贷款，率先推出"林农 IC 卡""惠农卡"等有效贷款模式，把山区林农的创业积极性引导好保护好发挥好，达到"用少量的钱帮助最需要钱的人，办成最需要办的事"和"人人有山，不是人人经营山，但可以人人从中受益"的目的。到目前为止，全市累计已发放林权抵押贷款 11404 户、金额 4.85 亿元，有力地推动了丽水百万山区农民创业发展。

2. 突出生态文明建设和改善民生有机结合的根本在于发展，坚持把发展生态经济作为物质基础。我们提出，经济不发展，人民群众生活水平不提高，就是最大的"不文明"；但是与此同时，发展又不能走拼资源、拼环境的粗放型增长的老路，必须以经济生态化、生态经济化为取向，加快发展生态产业。我们把高效生态农业作为发展现代农业的主攻方向，促进形成区域化布局、专业化生产、产业化经营的农业发展新格局，全市国家级无公害、绿色、有机农产品已达到269个，已建立生态农业基地面积200万亩。在生态工业发展中，突出集聚、集约、集群式发展和科技创新的带动，全市建成10个省级经济开发区，园区规模以上工业对全市规模以上工业增长的贡献率达到54.8%，2008年实现高新技术产业产值比上年增长32%。坚持以生态旅游业为龙头做大服务业，加大"大景区"建设和"通景区公路"建设的力度，到2012年将建成国家4A级以上景区18个，去年接待国内外游客、实现旅游总收入分别比上年增长39.5%、40.8%，旅游总收入占GDP的比重达到13.54%。

3. 突出生态文明建设和改善民生有机结合的难点在于农村，坚持把破解农民增收难、建房难、贷款难作为突破口。建设生态文明和全面小康社会，最艰巨最繁重的任务在农村，最广泛最深厚的基础也在农村。为此，我们针对农村发展中的三个主要难题，加大攻坚力度。为了破解农民增收难，我们提出发展是最大的民生、增收是最大的和谐，并从2008年开始实施"农民增收六大目标"责任制，把促进农民增收这个最大的民生工程目标化、责任化。按照统筹城乡发展的要求，坚持长远利益抓增收、根本利益抓就业、特殊困难群众利益抓帮扶，着力推进山区农民转移、中心村镇培育、人力资源开发利用、农村生产生活条件改善等重点工作，2008年全市农民人均纯收入达到5050元，比上年增长15.5%，增幅分别高于全国、全省0.5个和3.5个百分点。为了破解农民建房难，我们把加快农村危旧房改造作为拉动内需的经济增长点和安居乐业的民生增长点来抓，于 2009 年 3 月出台了加快农村危旧房改造的政策性意见，重点解决规划编制落地难、建房用地调剂难、跨村建房难、建新拆旧难、合理分户难，2009 年计划实施危旧房改造 50000 户（批建完成新房比例达到 50％），其中农村低保标准 120％以下困难家庭危旧房改造 15000 户，并同步实施旧村改造 200 个行政村。为了破解农民贷款难，基于对迄今为止的农村改革最成功的模式是包产到户、最大的制约是农村金融体制这个基本判断，继林权抵押贷款取得明显成效之后，又提出把完善资产评估、信用等级评定、授信额度评定"三联评"作为关键环节，把完善和推进联保贷款模式和"林权抵押""农房抵押""三联动"作为主要突破口，通过政府、银行、农户"三联手"形成破解农民贷款难的工作合力。目前，正在全市范围内开展农村信用等级评价和综合授信工作，评价面将分别达到行政村、农户总数的 80％以上。

4. 突出生态文明建设和改善民生有机结合的基础在于良好的人居环境，坚持把城乡人居环境生态化作为基础工程。随着良好的生态环境作为生存之基、发展之本的重要性越来越突出，人民群众对生态人居环境的要求也越来越迫切。对此，一方面，我们着力打造生态文明城市品牌，把统筹推进"六城联创"作为生态文明建设第一阶段的主要工作载体来抓，力争到 2012 年全面实现中国优秀旅游城市、国家环保模范城市、森林城市、园林城市、卫生城市和全国文明先进城市的创建目标。另一方面，加强生态县（市、区）、生态乡镇、生态村建设，确保 9 个县（市、区）2012 年底之前全面实现省级生态县创建目标，2017 年底之前全面实现国家级生态县创建目标。与此同时，以村庄整治建设工程为龙头，积极推动城市基础设施向农村延伸、城市公共服务向农村覆盖、城市现代文明向农村辐射；以"811"环境保护新三年行动计划为龙头，狠抓环保基础设施建设和环境污染综合整治，2008年全市规模以上工业万元产值综合能耗下降5.8％，化学需氧量和二氧化硫的排放分别比2005年累计削减9.06％、9.41％。

总的来说，丽水的生态文明建设虽然还刚刚起步，但是已经给全市城乡发展带来了新气象，给人民群众带来了实实在在的好处。我们越来越深刻地体会到：生态文明的兴起是不可逆转的时代潮流，而它之所以能够成为时代潮流，不仅因为它是建立在先进生产力基础上的文明形态，更是因为生态文明是广大人民群众根本利益之所在。我们越来越深刻地体会到：生态文明建设不能就生态论生态，而要和满足人民群众的物质、文化、生态需求更加紧密地结合起来，生态文明建设的惠民度越高，人民群众共建共享生态文明的积极性主动性创造性就会越高；我们越来越深刻地体会到：坚持生产发展、生活富裕、生态良好的有机统一和经济、社会、生态效益的有机统一，是生态文明建设的核心内涵，必须正确处理发展和保护的关系，统筹推进经济建设、生态建设和民生、社会事业的发展，不断提升生态文明建设的惠民度。

与此同时，我们也清醒地认识到，丽水的生态文明建设道路还很长，与满足人民群众需求、改善民生的结合点还需要进一步拓展，惠及面还需要进一步扩大，惠民度还需要进一步提升。我们将坚持以科学发展观统领生态文明建设，把发展生态经济、优化生态环境、弘扬生态文化与富民、惠民、利民有机统一起来，统筹推进"民安""民乐""民主"等各个领域的工作，以建设生态文明的实际成效让人民群众满意。

走生态文明之路　建和谐社会

北京大学环境学院教授　田德祥

生态文明教育基地，对于促进全社会牢固树立生态文明观念，普及全民生态知识，增强全社会生态意识，推进社会主义生态文明建设无疑具有重大意义。如果把生态文明作为人类文明一种新的形态，那么生态文明教育基地的提出和创建具有前瞻性，是一种新的战略思维。

我想就生态文明与构建和谐社会谈谈自己几点粗浅的看法：

一、生态文明之路是人类生存和发展的必然选择

（一）《寂静的春天》——敲起了警钟

18世纪60年代英国纺织机和蒸汽机的运用，标志着工业文明的到来，人类开始从农业文明转向工业文明，到了20世纪70年达到了顶峰，资源开发利用的数量和人口增长率也达到了最高点，发达国家进入了所谓的消费社会，过渡消费也达到了高水平。进入21世纪现代科学技术的发展，极大地提高了人类认识和改造自然的能力，使人类活动范围扩展到地球的每个角落，对自然界展开了无情的开发、掠夺和挥霍。这也是工业文明的特征，它依赖的是一种资源浪费、环境污

染、生态破坏型的发展模式，使资源消耗超过自然承载能力，污染排放超过环境容量，导致人与自然关系失衡，人类面临严重的生态危机，环境污染造成的公害事件屡有发生；多诺拉烟雾事件、洛杉矶光化学烟雾事件、伦敦烟雾事件、水俣病事件、骨痛病事件……1962年蕾切尔·卡逊的《寂静的春天》一书的出版，第一次对人类"向大自然宣战""征服大自然"的传统意识的绝对正确性提出了质疑，引发公众对环境问题的关注，尽管该书在当时遭受的诋毁和攻击是空前的，但她所坚持的思想终于为人类环境意识的启蒙点燃了一盏明灯。也给人类面临的严酷的"生存还是毁灭"的现实，敲起了警钟。

(二)《人类环境宣言》——进入生态文明的标志

1972年6月5～16日联合国在瑞典首都斯德哥尔摩召开了人类环境会议，讨论当代世界环境问题，探讨保护全球环境的战略。这是人类历史上第一次在全世界范围内研究保护人类环境的会议，这次会议通过了《人类环境宣言》，明确指出整个人类只有一个共同的地球，保护和改善人类环境已经成为人类一个迫切的任务。《人类环境宣言》郑重申明：人类有权享有良好的环境，也有责任为子孙后代保护和改善环境。会议提出警告："在现在，人类改造其环境的能力，如果明智地加以使用的话，可以给人类带来利益和提高生活质量的机会，如果使用不当或轻率地使用，这种能力就会给人类和环境造成无法估量的损害。"从而揭开了全人类共同保护环境的序幕，也是人类要进入生态文明的标志。

(三)《我们共同的未来》——构建生态文明纲领性文件

1987年，联合国环境与发展委员会的研究报告——《我们共同的未来》是关于人类未来的报告，以丰富的资料论述了当今世界环境与发展方面存在的问题，报告针对人口、粮食、物种与遗传，资源、能源、工业和人类居住等方面提出了可持续发展的模式，即"可持续发展既满足当代人的需要，又不对后代人满足其需要的能力构成危害的发展"。也就是要保证人类的永续生存和发展。这个报告把环境保护与人类的发展切实地结合起来，指出了人类一条新的发展道路。《我们共同的未来》可以说是人类建构生态文明的纲领性文件。

（四）"两次环境与发展首脑会议"——构建生态文明的里程碑

1992年6月联合国在巴西里约热内卢召开的环境与发展首脑会议，发表了《里约环境与发展宣言》，把环境问题与经济、社会发展结合起来，树立了环境与发展相互协调的观点，找到了在发展中解决环境问题的正确道路。即被普遍接受的"可持续发展战略"，把可持续发展的思想理论变成了各国人民的行动纲领和行动计划，大会制定了可持续发展的《21世纪议程》，它不仅使可持续发展的思想在全球范围内得到最广泛和最高级别的承诺，而且还为生态文明社会的建设提供了重要制度保证。

2002年联合国在南非约翰内斯堡又举行了可持续发展的世界首脑会议，会议形成了《约翰内斯堡可持续发展宣言》和《可持续发展世界首脑会议实施计划》，再一次表达了国际社会实现可持续发展和共同繁荣走向生态文明的政治意愿，并在水、生物多样性、健康、农业、能源等领域确定了明确目标和时间表。要求各国采取具体步骤，更好地完成《21世纪议程》中的指标。这两次世界环境与发展首脑会议，应该是人类建构生态文明的重要里程碑，明确了人类走向生态文明方向，也是人类生存和发展的必然选择。

二、中国的经济奇迹、代价与反思

(一) 中国经济快速增长的奇迹

1. 没有哪个国家在这么短时间以如此快的经济发展速度推进工业化：从 1978 年至 2007 年近 30 年间，中国的 GDP 年均增长速度达到 9.7%。

2. 没有哪个国家在如此的人口规模（13 亿）上推进工业化。中国拥有世界 7% 的土地，却要养活世界 22% 的人口，而且在 2001 年人民生活总体上实现了由温饱到小康的历史性跨越。

3. 没有哪个国家在如此低的技术水平和污染治理水平上推进工业化。我国的许多企业工艺原始，设备落后，管理粗放。我国的"化石能源的核心技术落后世界 30 年"，2005 年，我国电力、钢铁、有色、石化、建材、化工、轻工、纺织 8 个行业主要产品单位能耗平均比国际先进水平高 39%。

中国经济快速增长，使世界震惊，这种发展势头还能不能继续保持下去？国务院总理温家宝 2007 年夏季在达沃斯年会致辞中明确表示：中国经济快速发展的势头将会继续保持下去，"我们对此充满信心"。

(二) 经济发展的环境代价

我国的经济增长很大程度上是以牺牲环境、破坏生态为代价的。环境污染和生态破坏造成的巨大的经济损失测算如下：

世界银行测算：

中国的空气和水污染造成的损失要占到当年 GDP 的 8%；

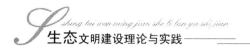

中科院测算：

环境污染和生态破坏造成的损失占到 GDP 的 15%；

环保总局的生态状况调查表明：

仅西部 9 省区生态破坏造成的直接经济损失占当地 GDP 的 13%；

据科学家预测，如果中国不迅速转变生产方式和生活方式，人类历史上突发性环境危机对经济、社会体系的最大摧毁，将可能出现在中国。

1. 高能耗、高污染、低产出的增长方式造成的环境污染和生态破坏：

我国 1/3 的国土被酸雨侵蚀；

七大江河水系中劣五类水质占 41%；

1/4 人口饮用不合格的水；

1/3 的城市人口呼吸着严重污染的空气；

全球污染最严重的 10 个城市中，中国占 5 个；

城市垃圾无害处理不足 20%；

工业危险废物处置率仅为 32%；

渤海的环境污染已经到了临界点，如果再不采取果断措施遏制污染，渤海在 10 年内将变成"死海"；

沿海赤潮的年发生次数比 20 年前增加了 3 倍；

环境污染对人民的身体健康造成了明显的危害：

2004 年我国患病人数已增至 50 亿人次；中国已经成为世界上每年因空气污染而致人死亡数目最高的国家，来自世界卫生组织的报告指出，每年大约有 65 万名中国人死于由于空气污染引起的各种疾病。

联合国开发署 2002 年报告称，中国每年空气污染导致 1500 万人患支气管病；每年有 200 万人死于癌症，重污染地区癌症的人数比空气良好的地区高 4.7～8.8 倍；北京市肺癌发病率就已跃居恶性肿瘤之首。其中大气污染最重的石景山地区，肺癌死亡率比全市平均值高 30%。

2. 贫富差距加大。中国的经济发展使城乡居民的生活水平都有了较大的提高，但各地区收入的差距、城乡收入的差距、不同行业收入的差距都有扩大的趋势：

（1）东西部：

1978 年东部城镇居民收入是西部居民收入的 1.6 倍。

2006 年东部城镇居民收入是西部居民收入的 2.33 倍。

（2）城乡收入：

1978 年城乡差距为 2.37：1；2005 年城乡差距为 3.22：1；2006 年城乡差距为 3.28：1。

如果把医疗、教育、失业保险等非货币因素考虑进去，城乡之间的收入差距则可能更大。

（3）不同行业收入差距：

1978 年收入最高行业和收入最低行业工资比是 1.38：1。

2006 年收入最高行业和收入最低行业工资比是 5：1。

若包括高收入行业的奖金和工资外的收入，则行业差距更大。

随着市场经济的进一步发展，新富阶层正在以惊人的速度崛起。如今的贫富差距并不完全是社会成员能力和努力程度不同而形成的，更多的是由于不合理、不公正因素造成的，比如：社会流通渠道的不畅、身份制、行业垄断、同工不同酬、权力寻租、国有资产向个人一方流失、公权不恰当扩张等，都是造成差距拉大的原因。因此，民众对贫富差距过大现象的接受度和容忍度较小。

目前，我国的基尼系数已经超过了 0.4 的国际警戒线，

已经达到了 0.48；而且收入差距拉大的速度非常快，制约了社会的公平与和谐，蕴藏着不稳定的因素。

（三）觉醒与反思

高速发展的经济给环境带来巨大的压力，我们能否走发达国家经济发展走的路："先发展后治理"，按库兹涅兹倒 U 型曲线，美国年人均收入 10000 美元，日本 8000 美元，韩国 7000 美元时出现拐点，我们现在人均收入才 2000 美元，何时才能出现拐点？日本 20 世纪 60 年代公害到 80 年代环境有了改善，用了 20 多年的时间，我们如果人均收入到达4000～5000 美元时，恐怕环境污染与生态破坏就难以挽回了；"中国的环境现状已经无法再支持高能耗、高污染、低产出的道路了！"

近年来，中国开始摒弃单纯追求经济增长的观念，提出构建和谐社会和促进社会公平发展的社会理念，提出建设资源节约型、环境友好型社会的总体规划和措施；尤其中共十七大政治报告中提出"建设生态文明，基本形成节约能源资源和保护生态环境的产业结构、增长方式、消费模式"的理念，都充分体现了我们党对社会经济发展的深刻把握并保持着清醒的头脑。

我们要落实全面协调可持续的科学发展观，走和谐发展的生态文明之路。

三、生态文明与和谐社会

生态文明是人类在处理与自然关系时所达到的文明程度，即以人与自然、人与人、人与社会和谐共生，良性循环，全面发展，持续繁荣为基本宗旨，通过增强环保意识，推行可持续发展模式，实现人与自然和谐发展。

（一）生态文明是和谐社会的前提和基础

任何社会和谐的建构都不能离开人与自然的和谐，只有建立在人与自然和谐关系基础上的社会，才有可能建立真正的而长久的社会和谐。人与自然的关系不和谐，往往会影响到人与人的关系，人与社会的关系。进入21世纪以来，中国的环境污染引发的群体性事件以年均29％的速度递增（征地引发的农村群体性事件，已占全国农村群体性事件的65％）就是明显证明。1995年由于环境纠纷群众的来信是5.9万封，到2006年群众的环境投诉的信达到了62万封，11年间增长了10倍。信访问题得不到合理解决，大多会转化为群体性事件，2000～2004年广东共发生群体性事件1.7万起，目前我们已经进入了环境群体性事件的多发期，主要原因在于环境污染、生态破坏已损害了公众健康与生存，或者是公众环境参与的权利没有受到应有的尊重。可以说生态和谐是整个社会和谐的物质基础，"生态是和谐之本"。

（二）和谐社会是生态文明的重要保障

生态文明建设虽然指向人与自然的和谐，但能否实现这个和谐，并不在自然本身，而取决于人与社会能否正确对待人与自然的关系，能否改变现有的生产方式和生活方式，主动调整人与自然的物质占有关系，生态文明不仅追求人与自然的和谐发展，而且也要求人及社会的和谐发展，如果没有社会的和谐发展，也就不可能在全社会形成统一的力量去对现有的工业化生产方式进行生态化改造，也就不可能对自然的物质占有关系进行有效的调整，（构建和谐社会的核心问题，就是对各种物质利益关系的调整）人与自然的和谐关系也就不可能真正建立起来。因此，一个和谐社会应该是由人与自然的和谐（生态和谐）、人与人（社会）的和谐（人际和谐）、人与自身的和谐（个体和谐）所构成的系统。所谓"个体和谐"追求的是人的全面发展，"生态和谐"成为人的生活和人的发展的内在需要；"人际和谐"的核心是物质利益的合理配置和公正。在国家内部生态文明强调全体社会成员公正平等的地位，"人人都能过上高质量的生活，都有受教育的机会，都能得到卫生医疗保健，都有丰富健康的文化娱乐生活，都能享受到社会发展的成果"。这是生态文明时代要达到的目标，也是我们实现全面小康社会的宗旨。

（三）生态文明不会自发产生

作为人类新的文明形态，生态文明应符合三个基本条件：

首先，要改变破坏生态、浪费资源和污染环境的生产方式和生活方式，创建以生态友好的技术和工艺为核心的现代产业技术体系，发展循环经济，同时积极倡导健康文明的绿色消费方式；其次，要改变社会制度中不利于环境保护体制和规范、建立自觉保护环境的机制，并按照公平原则平等分配自然资源和担负环境保护的责任，逐步建立有利于人与自然和谐共存的社会秩序；还要重新确立人与自然相互依存的生态自然观，人与自然协同进化的价值观，建设敬畏自然、尊重自然、关心自然、保护自然的绿色文化和生态道德意识。实际上，这是对传统的发展模式、生活方式、消费方式的否定和变革，为了人类社会的持久生存和发展，人们必须建立全新的资源观、价值观和道德观，这是一场冲破旧的观念，冲击人们的生产方式、生活方式和思维方式的深刻变革，因此，生态文明建设需要全民性的素质的提高。生态文明建设是一项全民的事业，涉及每一个人的切身利益，需要每一个人的积极参与，通过参与使公众认识自身行为与生态环境的关系，从而确立与生态文明观念相容的行为规范，提升自身的生态文明素质，最终形成营造全社会关心、支持、参与生态文明建设的文化氛围。政府要把生态文明从理念落实到行动上，必须为公众的广泛参与搭建相应的平台，"公众团体和组织的参与方式和参与程度，将决定可持续发展目标实现的进程"。

四、树立生态忧患意识，从节约做起

"气候变化，生物多样性减少，水资源短缺与水环境污染等各种全球性和区域性环境问题仍在继续朝着不利于人类生存的方向发展，人类面临的环境危机不可能在短期内消失"，除此之外，全球的合成化学物质的生产是非常惊人的，据报道，平均每9秒工作时间就发明一种新的化学物质。1998年6月15日，化学家识别到科学上已知的第1800万种合成化学物质（包括环境中已有500万种），全球合成化学物质年产量从1935年不足15万吨，增长到1995年的1.5亿多吨（增长1000倍）。现在我们所有人的体内都有大约500种人造化学物质，其中许多是持久性有机物，如多氯联苯和滴滴异（DDE）。因此说"我们是在一锅化学杂烩汤中生活和呼吸"，由于环境的毒化，人类血液中正常的白血球数由20世纪70年代的7000～8000降到20世纪末的4000左右。男性精子数也正在急剧减少，"70年后人类可能丧失生育能力"。

中国的环境污染、生态破坏、资源的消耗和浪费更不容忽视，中国的巨大的人口基数，飞速的经济发展，尤其是重化工业的快速增长给环境和资源带来巨大的压力。中国已成为"资源弱国"，50年后除了煤炭外，中国几乎所有的矿产资源都将出现严重短缺,其中 50％ 左右的资源面临枯竭。我国 45 种主要矿产的现有贮量,15 年后只剩下 6 种。另据预测,到 2010 年中国将进入严重缺水时代,我国工业万元产值用水量为 $103m^3$,美国是 $8m^3$,日本只有 $6m^3$,我国工业用水的重复利用率仅为 55％ 左右,而发达国家平均达到 75％～85％。我国每年平均浪费水资源在 100 亿 m^3 以上。我们的子孙后代都将为我们今天的挥霍浪费付出沉重的代价。

我们必须强化全民的资源、环境危机意识,将生态文明的理念渗透到生产、生活各个层面,增强全面的生态忧患意识、参与意识和责任意识。

(一) 节约用水

中国是一个严重缺水的国家,全国 668 个城市中有 400 多个城市存在供水不足的问题。其中 110 个城市严重缺水。加上水污染形势严峻,我国水资源短缺矛盾更加突出。

2002 年 8 月 29 日第九届全国人大常委会第 29 次会议通过的《中华人民共和国水法》提出国家厉行节约用水,节约用水是单位和个人的法定义务。节水已经上升到法律高度,浪费水已经不是个人道德问题,已经是触及法律的违法行为。

工业用水占城市总用水量的 70％,节水潜力巨大,特别是如何提高工业用水的循环使用率及防止跑、冒、滴、漏的问题。

农业是用水大户,应大力推广先进的节水技术,如喷、滴灌技术。城镇居民用水量在不断上升,许多城市地下水位都降低了几十米形成了很大的漏斗,也存在着很大浪费。我们应该珍惜水、节约水、保护水,增强全民的节水意识和节约用水的良好习惯和风尚,并且积极采用新型节水设施和用品,如:新型节约型便器水箱和节水型水龙头等。当然城镇居民建筑中，中水回用是亟待解决的问题。

（二）节约能源

我国能源短缺是个突出的问题，2004 年前 4 个月曾有 24 个省份出现拉闸限电的现象。而且我国的能源大部分来源于燃煤发电，不仅严重污染大气，同时也成为世界上 CO_2 排放大户；中央号召"节能减排"，从企业、家庭到社区都要厉行节约；企业从设备管理、设备改造、工艺优化和技术创新等措施开展节约用电、节能降耗；家庭和小区尽量使用高效低能耗的灯具，离开家时，拔掉所有电器插头；减少开关冰箱门次数；过道门灯尽可能使用声控或触摸式开关。家用电器尽量选用低能耗的产品，使用空调时不要把温度调得过低。小区的路灯不仅采用新型高效节能灯具更要注意及时调整路灯的开关时间。

再有，汽车在给我们带来便捷的同时，也让人们付出了沉重的代价，消费能源、污染环境，因此，我们应约束使用私人汽车、鼓励用公共交通工具和自行车。在丹麦人们"旅程的 1/5 是靠自行车完成的"，在荷兰自行车占一些城市交通工具总量的一半，每天"有 2/3 的学生骑自行车去学校"，在我国城市中我看到许多家长用汽车接送孩子上下学。

（三）节约用纸

我国森林覆盖率不足 20％（日本达到 64％），而造纸业是要消耗森林资源的。森林对人类来说太重要了：森林是天然制氧厂，森林对气候有调节作用，森林有防止风沙和减轻洪灾、除尘和对污水过滤的作用，森林是多种动物的栖息地，也是多类植物的生长地，它可以涵养水源，防止水土流失、净化空气。

我国既是造纸大国又是纸消费大国，2004 年产量为 4950

万吨，消费量为 5439 万吨，均居世界第二。我国造纸发展的"瓶颈"主要是原料，近几年被迫进口大量的纸、纸浆和废纸，仅 2004 年就进口废纸 1230 万吨，进口量占全球可供量的 50%，进口依存度相当高。但我们自己废纸回收率却很低，仅为 30%，远低于 47.7% 的世界平均水平。在 2006 年，上海举行的发展绿色纸业研讨会上，业内专家一致认为"我国废纸回收率低，70% 的废纸被浪费"。"节约用纸也就是植树造林"，节约一张纸，挽救的可能是一棵树，甚至整个森林。如果全国每人每天节约一张纸，一年就节约 4745 亿张，大概可以少砍 158 万棵树。我们应从节约每张纸做起，珍惜和保护我们的生态环境。"滴水成河"，如果 13 亿人口的中国真正做到厉行节约，反对浪费，它所汇集的力量，将不仅是我们国家生态文明建设的支撑，也是中华民族对世界的贡献。

加强湿地保护与合理利用
肩负起建设生态文明的历史使命

国家林业局湿地保护管理中心主任　马广仁

一、湿地的自然属性和人类的文明发展史，
　　决定了保护与合理利用湿地是生态文明
　　建设的重要内容

党的十七大提出建设生态文明的战略决定，强调要"共同呵护人类赖以生存的地球家园"。把生态建设上升到文明的高度，这是我们党对中国特色社会主义、经济社会发展规律和人类文明趋势认识的不断深化和新的总结。建设生态文明，不仅对于贯彻落实科学发展观、继续推进中国特色社会主义伟大事业和全面建设小康社会具有重大的现实意义，而且对于维护全球生态安全、推动人类文明进步和可持续发展具有深远的历史意义。生态文明要求人类在改造客观世界的同时改善和优化人与自然的关系，建设科学有序的生态运行机制，体现了人类尊重自然、利用自然、保护自然、与自然和谐相处的文明理念。作为我国生态建设的重要组成部分，湿地保护与合理利用是生态文明建设的重要内容。

（一）健康完整的湿地是确保人类生存空间安全的基础，保护与合理利用湿地就是保护人类的生态家园

湿地与森林、海洋共同构成了人类生存和经济社会发展的生态支持系统，这二个系统相辅相成，密切关联，一旦遭到破坏，就会给人类生存发展带来严重威胁。我国湿地类型多、面积大、分布广，在维护我国生态安全中具有重大作用。但是，近代以来，我国湿地却遭到严重破坏，湿地消失和功能退化的速度不断加快，导致洪水、干旱、荒漠化等自然灾害频繁发生，对国家生态安全构成严重威胁。

湿地保护的好坏，直接关系到气候、物种、水资源、食物、能源的安全和公民的健康，关系到人民群众的切身利益。正如《联合国千年生态系统评估报告》所言，湿地所具有的各种功能都与国家生态安全和经济社会可持续发展息息相关，支撑着人类社会的健康发展。没有健康完整的湿地，就没有人类空间的安全，关注湿地就是关注人类自己，保护湿地就是保护人类的家园。

（二）功能完善的湿地是确保人类生存发展的物质基础，保护与合理利用湿地就是推动经济社会可持续发展

湿地具有十分重要的生态服务功能，被称为"地球之肾"。湿地是淡水之源，我国湿地维持着全国96%可利用的淡水资源，从若尔盖湿地注入黄河的水量，枯水期占40%，丰水期占26%，平均补水达30%；湿地是水资源调节器，在涵养水源、补充地下水及抗旱防涝中发挥着不可替代的作用，洞庭湖湿地每年总蓄水能力为160亿立方米。湿地是有效的淡水净化器，能将五类劣质水净化为三类水质以上的水，每公顷湿地每天可净化400吨污水。湿地是世界上最大的碳库之一，对延缓气候变暖具有十分重要的作用，全球湿地碳储量约为 770 亿吨，单位面积湿地有机储碳量最多可达 258 吨/公顷。

湿地具有十分重要的经济价值，是生物基因库，维护并孕育着极其丰富的生物多样性，不仅为人类提供水稻、水产品、木材、药材等人类赖以生存的物质资源，还可以为经济社会长远发展提供种质和基因资源。湿地还是重要的旅游资源，合理的旅游开发能够带来巨大的经济收益，美国每年的湿地生态旅游业经济产出约为 1080 亿美元，为社会提供了巨大的就业机会。

湿地所具有的强大生态服务功能和经济价值，构成了经济社会可持续发展的物质基础。建设生态文明，实现经济社会可持续发展，就必须重视湿地对经济社会发展的基础支持作用。

（三）湿地是孕育人类文明的摇篮和传承人类文化的载体，保护湿地就是发展和繁荣生态文化

湿地是孕育人类文明的摇篮。纵观古今中外，人类的历史就是一部"择水而居、依水而兴"的历史。尼罗河造就了光辉灿烂的古埃及文明，幼发拉底河与底格里斯河是古巴比伦文明的摇篮，印度河与恒河是孕育古印度文明的胎盘，长江与黄河则造就并滋养了中华文明。即便是现在，我们也能发现，世界很多大都市均依水而建：巴黎之于塞纳河、伦敦之于泰晤士河、上海之于东海和长江……人类与湿地的关系，不仅贯穿于古文明的兴盛衰亡史，也体现在现代文明的发展进步中，从这个意义上说，没有湿地就没有人类社会的进步与发展，也就没有现代人类的文明与文化。

湿地是传承人类文化的载体。人类渔樵耕读的生活方式，赋予了湿地深厚的文化底蕴和独特的文化形态。湿地是鲜活

丰富的文化，是人类艺术创作的源泉。我国文学史开篇之作《诗经·关雎》起兴之句就是从湿地说起，湿地所蕴涵的文化遗产极大地丰富了人类文化的内涵。

通过保护湿地，开展湿地生态旅游和公共宣传教育，不仅可以满足人们日益增长的生态和文化需求，还可以揭示自然演替规律及人类与自然的健康关系，在全社会培养建立起科学的生态文化道德观念。因此，可以说，保护湿地就是繁荣和发展生态文化。

二、认清新形势，抓住新机遇，在湿地保护与合理利用中切实肩负起建设生态文明的历史使命

改革开放以来，特别是进入 21 世纪以来，党中央和国务院对湿地保护管理工作高度重视，批准了《全国湿地保护规划》，发出了《关于加强湿地保护管理工作的通知》等湿地保护与合理利用的指导性纲领性文件。在各级党委、政府的正确领导下，在各有关部门、社会各界的努力与支持下，我国湿地保护与合理利用事业取得了较大的成绩，湿地保护与合理利用的立法工作取得阶段性进展；全国范围的湿地保护行政管理机构不断完善；基本建立起全国性的湿地保护与合理利用网络体系；保护与合理利用湿地的公共意识得到较大提高；很好地提高了我国湿地保护的国际地位和影响力。

但是，我们也要清醒地认识到，全国性的湿地保护恢复形势依然严峻，很多问题仍未得到根本解决：湿地上游和水源涵养地蓄水保土和庇护动植物等生态功能不强；湖泊、沼泽的数量和面积急剧减少，湿地功能退化严重；因气候干旱和人类活动过度利用水资源导致的生态缺水现象在很多湿地

普遍发生；生物多样性锐减，一些濒危野生动植物物种受到严重威胁甚至面临灭绝的危险。

当前，全球性的生态危机仍在加剧，中国现实的生态问题也十分突出，这已经成为制约经济社会科学发展的最大因素之一。在这种情况下，中央提出了学习实践科学发展观和建设生态文明的重大战略决定，这为生态建设创造了空前的良好社会环境。我们要认清形势，抓住机遇，以高度的责任感、强烈的危机感和重大的使命感，全力推进湿地保护与合理利用，切实肩负起生态文明建设的历史使命。为此，我呼吁：

（一）继续全面实施重点生态工程建设，加大湿地生态系统的保护与恢复力度

实施重点生态工程建设是对生产力布局的重大调整，也是我国生态建设的一条成功经验。要大力发展森林资源，增加森林的数量，提高森林的质量。林是山之衣、水之源，只有山更绿，水才能更清。在实施重点生态工程建设时，尤其要加大湿地保护工程的推进力度，进一步保护和恢复湿地生态系统，对现有湿地资源实行普遍保护，坚决制止随意侵占破坏湿地的行为，并积极开展对已受破坏湿地的恢复，不断扩大湿地面积，恢复湿地生态系统服务功能。

（二）加强法制建设与科技创新，使湿地保护事业走上法制化、科学化的轨道

要加快湿地立法的进程，通过立法建立起湿地开发利用的行政许可制度、湿地破坏的处罚赔偿制度、湿地征占用的经济补偿制度等。要加强湿地保护与合理利用的科学研究和技术创新，深入开展湿地功能和效益评价、湿地与气候变化等重大课题研究；要在实施湿地保护与合理利用实践中开展跨学科的联合攻关，探索退化湿地恢复重建的有效技术，建立湿地保护与合理利用的优化示范模式，确保湿地保护与合理利用工作的科技含量，提高保护与恢复效果。

（三）建立以湿地生态系统或流域为对象的综合管理制度，提高保护管理的协调性

由于长期以来缺乏综合协调管理的体制机制，不同地区和部门在针对同一湿地生态系统或流域进行管理时常常各自为政，使得我国很多湿地生态问题已从全局问题演变为局部问题。要建立起跨区域跨部门、以完整湿地生态系统或全流域为对象的综合协调管理制度，统一协调生态系统或流域范围内森林、湿地、土地、矿产、生物等资源的保护和开发利用。

（四）通过改革和制度创新，切实建立起湿地生态保护和建设的长效机制

当前，要按照 2009 年中央一号文件要求，抓紧启动湿地生态效益补偿试点工作。要在编制和实施《国家主体功能区规划》中，将国际和国家重要湿地、国家湿地公园等纳入禁止开发区，并建立相应的占补平衡制度，从根本上扭转湿地面积减少的趋势。要建立国际重要湿地生态补水制度，维护这些具有国际意义的湿地生态特征不发生逆向变化，树立我国良好的国际形象。

（五）坚持发展生态文化，为湿地生态保护和建设提供坚实的社会公共道德保障

我们今天所面临的生态危机，起因不在自然本身，而在于我们的文化，要渡过这一危机，必须清楚地理解我们的文化对自然的影响，进行文化价值观念的革命。加强生态建设，应对生态危机，维护生态安全，必须转变人们的思想观念，提高人们的生态意识，增强人们的生态伦理道德观念。我们要借助各种媒体，通过各种方式和渠道，引导和吸引社会各界，围绕湿地保护与合理利用，开展宣传教育，发展生态产业，弘扬生态文化，推动整个社会走上生产发展、生活富裕、生态良好的文明发展道路。

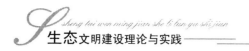
生态文明与可持续发展

北京师范大学地理与遥感学院
北京师范大学环境教育中心副教授　　黄　宇

摘要　生态文明是继农业文明、工业文明之后新型的社会进步状态，也是可持续发展思想的核心要求。本文讨论了可持续发展思想、可持续发展的文化诉求、可持续发展文化的特征等问题，并在此基础上指出，生态文明就是面向可持续发展的文明，是实现可持续发展的基本保障。

关键词　可持续发展　生态文明

一、可持续发展要求人类内在世界的转变

自 1992 年联合国环境与发展大会以来，可持续发展的思想已经在国际上取得了广泛共识，成为非政府组织、政府、国际发展机构以及环境活动家的共同口号。它之所以被广泛地认同为 21 世纪"自然——社会——经济"复杂系统的运行规则，因为"这个革命性的思想存在着深刻的哲学背景、社会背景乃至心理上的背景"（波恩特尔，1992）。

可持续发展思想的核心，在于正确辨识人与自然和人与人之间的关系，要求人类以最高的智力水准与泛爱的责任感，去规范个体和群体的行为，创造和谐的世界。可以注意到，这既需要对自然规律的充分揭示，也需要对人文规律的充分

揭示，而自然和人文互相交织演绎的规律更需要被充分揭示（牛文元，1998）。因此，可持续发展（或可持续性）实际上包含两个方面的内涵：第一方面，也是较明显的方面，就是维持一个运行良好的自然环境；第二个方面，就是要重新评估并且清理（不是破坏）现有的社会－政治系统的观念和理想（Dennis，1996）。换句话说，实现可持续发展有两个向度，一个指向人类外在的自然世界，另一个指向人类内在的精神世界。因此，可持续发展（可持续性）通常会表现为技术问题，但决不仅仅是技术问题。在最基本的层面上，它实际上是一个社会价值的问题。可持续发展"不光是经济学家和生态学家的领域，也是诗人和画家的领域"（Stephen Viederman，1996），它与人的需求（demand）、人的观念（perception）、人的行为（behavior）、人的发展（development）是分不开的（Abler，1971）。

尽管可持续发展外在与内在的两个方面是相互支持，不可或缺的，但人们往往只看到外在方面，而忽略了内在方面。实际上，内在的方面恰恰是可持续发展的根本基础。1992年《21世纪议程》颁布以来令人失望的全球经济、环境、社会发展状况恐怕在很大程度上要归咎于人们对可持续发展思想的内在方面的忽视。在一个利己主义、竞争和犬儒主义①盛行的世界上，谈论爱心、谦逊、诚实、合作、分享通常会遭到嘲笑而不是被认真对待。但是，对人类天性中美好品质的隔绝"是当今社会系统中最大的问题，也是不可持续性最深的原因。"（D. H. Meadows，1991）。没有在德性、行为、伦

---

① 犬儒主义学派是古希腊四大学派之一，奉行这一主义的，行为方式甚至生活态度与狗某些特征相似，他们旁若无人、放浪形骸，却忠诚可靠、感觉灵敏、敌我分明又敢咬敢斗。

理方面的发展，可持续发展是不可想像的。

因此，可持续发展的革命必然是一种社会的转型，这种社会转型将会促使人类品质中最好的一面而不是最差的一面得到表达和培育。许多人已经承认了这种必要性和机会，即解决世界问题的答案"总是从新人道主义着手的"。罗马俱乐部成员之一的梅多斯（也译作米都斯）引用罗马俱乐部创始人奥雷利奥·佩切伊的话说道："与我们的时代和谐一致的人道主义必须替代和逆转我们以前认为不可触动但实际上已经不适应当前时代，或与我们目标不符的原则；它必须鼓励新价值体系的形成来修补我们的内部平衡，鼓励新的崇高的、伦理的、哲学的、社会的、政治的、美学的和艺术的动机的出现来填补我们生活的空虚；它必须要有能力恢复我们之间的爱、友谊、理解、团结、牺牲精神和快乐；它必须使我们理解到一点：上述的特点越是把我们和生命的其他形式连接在一起，把我们和全世界的兄弟姐妹连接在一起，我们就能收获得越多。"

二、文明创新是适应可持续发展变革的必然选择

迄今为止，由于人类文化如此复杂多样，关于文化或文明的定义非常之多。1952 年美国人类学家克罗伯和克拉克洪总结了各家学说，发现对文化/文明的不同理解达 164 种之多[①]。在世界委员会（World commission）关于文化和发展的报告中，将文化/文明定义为"标志某个社会的特殊性的精神、物质、智力和情感等方面特征的综合体"。而胡适的看法是，"第一，文明是一个民族应付他的环境的总成绩；第二，

———

① 童恩正.《人类与文化》第 43 页. 重庆出版社，1998 年

文化是文明形成的生活方式。"

这样看来，文化和文明是既有联系，又有区别的两个概念。狭义的文明可以与文化等同，而广义的文化则可以与文明同义。一般来说，文化/文明包括人类通过后天的学习掌握的各种思想和技巧，以及用这种思想和技巧创造出来的物质成就。这其中既有属于经济基础的部分，也有由此决定的上层建筑的部分；既包括了精神产品，也包括了物质产品。人类创造了文化/文明，利用文化/文明去改变自然环境以适应自己的要求，而不像其他动物那样，靠改变自身的生理特质或习性以适应自然环境。这就是人与其他动物的最根本区别。动物以本能的方式生存，当环境发生变化时，动物以自身的变化去适应环境；人类以文化的方式生存，充分运用大脑的技能，发展了文化意识，以劳动改变环境，使自然界满足生存的需要，并能改变环境使之适应人类生存的要求（章牧，2001）。当然，人类在改变自然的同时，也在改变自身来适应自然的变化。这种变化除了人的生理结构方面的改变外，同时也通过一种文化方式来进行，也是文化的一部分。在特定的人类发展阶段，一定的人类需求环境下，文化/文明的形式是不同的。因此，从人与自然关系的角度看，文化/文明实际上是人类适应自然的生存方式。

在特定的人类发展阶段，一定的人类需求环境下，文化的形式是不同的。现阶段人类文化的传统，是建立在人类中心主义的价值观念基础上的。文化既然是人类适应自然环境的一种手段，当自然界发生变化时，文化也会相应发生改变。在人类历史上，文化的变迁大多数是被动地、盲目地进行的。随着人类对自然界和社会发展认识的深化，人类逐渐掌握了文化与环境互动的规律。在一定程度上，人类可以自觉地调整自己的文化以适应新的情况，这其实就是人类社会的变革。因为人类文化并非得自遗传，而是通过后天的生活和学习获得的，所以当人类需要改变其文化时，就可以抛弃或遗忘旧有的模式，而代之以新的模式（童恩正，1998）。

现阶段人类文化/文明的传统，是建立在人类中心主义的价值观念基础上的。文化/文明既然是人类适应自然环境的一种手段，当自然界发生变化时，文化/文明也会相应发生改变。在人类历史上，文化/文明的变迁大多数是被动地、盲目地进行的。随着人类对自然界和社会发展认识的深化，人类逐渐掌握了文化/文明与环境互动的规律。在一定程度上，人类可以自觉地调整自己的文化/文明以适应新的情况，这其实就是人类社会的变革。

在 21 世纪之初，人们已经认识到一种崭新的文化/文明将会取代过去的文化/文明模式。直接导致这种文化/文明变迁的起因，源于人类社会对可持续发展观念的普遍认同。或者从更深刻的意义上说，源于人类对新的环境的适应。从自然发展的角度看，许多物种的灭绝（如恐龙）是因为其技能不能适应变化了的环境；从社会发展的角度看，许多文明消亡了，除了外力的原因之外，大多是由于它们的文化/文明方式不能适应改变了的社会或自然的条件，或是在不正确的文化/文明方式指导下采取了不正确的适应方法，导致了文明的崩溃。因此，在可持续发展的时代背景中，文化/文明创新是适应可持续发展变革的必然选择。

三、文明调整是可持续发展得以实现的基本保障

在可持续发展成为社会进步的主流思想时，已有学者提

出有必要在当代创造条件，建立可持续的社会或促进社会文化/文明向可持续的方向转变。日本学者岩佐茂认为，"旨在实现可持续开发或者环境保全型生产体系的社会称为可持续社会"，这显然是从变革生产方式的角度来谈的。另有学者从经济发展、社会发展、生态发展等角度来讨论这一问题（刘培哲，1994；陈述彭，1995；赵士洞，王礼茂，1996），还有学者从哲学、伦理的角度提出可持续发展文化/文明"回归自然""消解人类中心主义"的特征。不一而足。不管什么样的观点，人们都指出，实现文化/文明向可持续发展方向的转变，需要与现行的生产生活方式和意识形态决裂。

正如人们已经看到并正在运用的，目前人类文化的主流特征，是以人统治自然为指向的，以人类中心主义为价值核心的文化。人类依照这种文化方式生活，极大地丰富了社会物质与精神生活，改善了人类的现代化生活条件。但是，这种文化方式导致了不可持续的后果，严重地损害了人类社会赖以生存和发展的基础。因此，在当前文化成功的光芒笼罩下，其实隐藏着深刻的危机。当人类认识到这一点时，才提出可持续发展的思想，并试图在这种思想的基础上建立可持续发展的社会。这样看来，重组面向可持续发展的文化特质、改变人类的文化模式是必然的，也是可行的。文化可以作为社会传统的一部分代代相传，但它同时是可以选择和创新的。当人类改变其传统生活方式及其对未来生活方式的看法时，文化便会逐渐改变，并被新的文化所替代。因此，为适应可持续发展的需要，有意识地促进社会文化不断变革，融入新文化，是人类社会目前面临的迫切要求（章牧，2001）。

库兹涅茨（S. Kuznets）1971 年在接受诺贝尔经济学奖时说道，"一国的经济增长，可定义为不断扩大地供应它的人民所需的各种各样的经济商品的生产能力有着长期的提高，而生产能力的提高要建筑在先进技术的基础之上，并且进行先进技术所需要的制度和意识形态上的调整。"[①] 尽管他谈的不是可持续发展的问题，但是他谈到的"经济增长——先进技术——制度和意识形态"三者的关系，对理解可持续发展的文化保证很有启发。从本质上看，可持续发展的核心仍然是发展，但发展的动力必然是科学技术的进步和提高；而要保证先进技术能够充分地、正确地发挥作用，必须有相应的制度和意识形态的调整。因此，文化/文明调整是可持续发展得以实现的基本保障。

四、生态文明是面向可持续发展的文明

如前所述，当今的文化/文明模式必须经过适当的改造，重组或更新文化/文明特质，才能适应可持续发展社会的基本要求，那么，什么样的文化/文明将是适应可持续发展的文化/文明呢？经过 20 世纪的无知、苦闷、反思和觉醒，一种新的文化/文明形态——生态文化/文明在 21 世纪已经呼之欲出。

概括而言，生态文化/文明是一种基于全球尺度的、长期的、以生态意识和生态思维为主体构成的文化/文明体系。这种文化/文明体系的建立遵循以下原则：一是整体性原则，即认为地球环境是一个整体，其机能应当给予严格保护，而不能随意改变或加以破坏。自然保全和人类生存构成相辅相成

---

① 转引自王军．《可持续发展》第 58～70 页．中国发展出版社，1997 年

的共生关系，必须从两者的共同进步来加以考虑。二是公平性原则，即从人类只有一个地球的观念出发，从较长的时间尺度来思考问题，讲求代内公平和代际公平。三是协调性原则，即改变人和自然的矛盾斗争哲学观，认识到它们之间的相互关系及与之相关的各种关系的平衡特性，谋求共生、共存、共荣的协调共处。

由此，可以认为，生态文化/文明需要建立在以下几个方面的转变上：首先是生产方式的转变。生产方式的转变是可持续社会的重要特征，主要是将传统的粗放型、高消耗的生产方式，转变成低消耗、低污染的清洁生产。其次是生活方式的转变，主要是摒弃资本主义发展以来形成的生产——消费——废弃的生活方式，在人类的欲望和自然的限制之间找到平衡，把大量消费的生活方式转变成有益于环境的生活方式。第三是价值观念的转变，主要是树立新的自然价值观、资源价值观，建立新的生态价值观念体系。

杨通进（2000）认为，生态文化/文明具有一些鲜明的特征：以人和自然和谐统一为基础；更强调人类的内在价值（理性价值），而不是外在价值（工具价值）；提倡简朴；生态文化/文明倡导回归大自然，认为"自然的就是美的"；要求人们在其社会生活中实现一系列根本的变革；需要改进现有的民主制度；反对暴力、强调平等，特别是地区、性别、种族之间的平等；主张多元化，强调本土化、本地化，要求规模适度；依赖的是"绿色科技"，主张走软能源和可再生能源的道路；要求作为普通公民和消费者的人们，选择一种有利于环境保护和可持续发展的生活方式。

从以上特征可以看出，生态文化/文明与可持续发展思想的核心内容是血脉相通的。因此，在某种意义上，也可以把生态文化/文明称为面向可持续发展的文化/文明。推动、建设、实现这种文化/文明，就是为人类走向可持续发展铺平了道路。如杨通进（2000）所言，尽管还存在许多困难，但只要每个人都少一点狭隘和偏见，多一点宽容和理解；少一点自我中心主义，多一点人类整体意识；少一点物质享受，多一点精神追求；少一点冷漠的等待，多一点热情和行动；少一点"现实主义"，多一点理想主义，那么，生态文化/文明必然能够实现。

主要参考文献

1. Daly，H E. The Steady－state Economy：Toward A Political Economy of Biophysical Equilibrium and Moral Growth. Valuing the Earth：Economics，Ecology and Ethics，325－363. Cambridge：MIT Press. 1992.

2. Orr，D W. Earth in mind，Island Press. 1994.

3. Gladwin，T N，J J Kenelly and T－S Krause. Shifting Paradigms for Sustainable Development：Implications for Management Theory and Research. Leonard N. Stern School of Business. International Business Area Working Paper Series. 1994.

4. 刘培哲等. 可持续发展理论与中国21世纪议程. 北京：气象出版社，2001

5. 任宪友. 生态文化与可持续发展. 生态经济，2001（4）

6. 邱耕田. 对生态文明的再认识—兼与申曙光等人商榷. 求索，1997（2）

7. 赵甲明. 对中国可持续发展的文化思考. 清华大学学报哲社版，1998，13（3）

8. 杨通进. 环境伦理与绿色文明. 生态经济，2000（1）

9. 章牧. 论可持续发展的社会文化属性. 福建师范大学学报哲社版，2001（3）

10. 刘思华. 生态文明与可持续发展问题的再探讨. 东南学术，2002（6）

生态文明教育：建设生态文明的基础工程

北京林业大学党委书记、教授　吴　斌

建设生态文明，是党中央做出的重要战略决策，社会广泛关注，各界积极行动。笔者认为，建设生态文明，不仅仅是生态修复与重建，节约资源和环境治理，而且是涉及整个社会文明形态的深刻变革，应以全社会牢固树立生态文明观念，转变生产、生活和消费方式为根本前提。因此，迫切需要在全社会深入开展生态文明教育，大力普及和提升生态文明理念，夯实生态文明建设的基础。

一、树立生态文明理念，教育要先行

生态文明是人类历史发展的必然选择，建设生态文明是时代赋予我们的历史使命。作为一种崭新的文明形态，生态文明是指人类遵循人、自然、社会和谐发展这一客观规律，而取得的物质与精神成果的总和，也是以人与自然、人与人、人与社会和谐共生、良性循环、全面发展、持续繁荣为基本宗旨的文化伦理形态。

建设生态文明，要求从改变全社会的生产方式、生活方式、消费方式等方面入手，构建全新的人与自然和谐的关系，努力实现经济、社会、自然环境的可持续发展。实现这些转变，需要一种新的价值观念的指导。因此，树立生态文明理念，成为建设生态文明的根本前提和核心要求，而教育的引领和推动作用，则是树立生态文明理念的重要基础。

开展生态文明教育，首先要帮助人们认识自然、尊重自然。我国先哲曾提出了"道法自然""天人合一""取之有时，用之有节"等诸多观点，强调自然界是人类衣食之源、人与自然之间的相互依存关系，要遵从自然界发展的规律性，而不能无视和违背规律。这些都为我们提供了有益的借鉴，即人类尊重自身首先要尊重自然，只有在与自然和谐相处的前提下，人类文明才能持久和延续。

人类是自然之子，享受着自然给予人类的恩惠，工业文明和科技进步使人类利用自然的手段更加多样，在给人类带来了更多的福祉的同时，也给自然造成了巨大的压力。自然资源枯竭、污染加重、灾害频发，已经成为经济社会可持续发展的巨大约束。我们必须反思人类在处理人与自然关系方面的失误，树立人与自然和谐相处的生态价值观，树立人类平等、人与自然平等的生态道德观，树立以人为本的生态发展观。

作为提升人类文明进步的重要力量和传播文明的有效途径，教育对于建立全民生态文明观与价值观，推动生态文明建设，具有重要的基础性作用，其最终目标就是从意识、知识、态度与价值观、行为等层面，努力形成生态文明价值取向和正确的生产生活消费行为。因此，加强生态文明教育，提高全民生态素质，是建设生态文明最为基础的工作。

二、准确把握生态文明教育内涵，明确努力方向

如何准确把握生态文明教育内涵，是推动生态文明教育

持续发展的前提。笔者认为，应从以下几个方面来理解生态文明教育的深刻内涵，进一步明确努力方向。

（一）生态文明教育内容具有系统性

生态文明教育应包括以下几个方面的内容：一是开展生态环境现状及知识教育，普及生态环保基础理论和生态科普知识，介绍全球和我国环境污染、生态危机的现状，传播最新的国际国内生态环保动态，提升人们的生态环保知晓度，增强对自然和人文生态以及天人关系的认知，唤起公众的生态保护意识、环境忧患意识、能源节约意识、消费简约意识、亲近自然意识，这是实现生态文明教育意识目标的前提；二是实施生态文明观教育，倡导树立生态安全观、生态文明哲学观、生态文明价值观、生态道德观、绿色科技观、生态消费观等价值观念，这是生态文明教育内容的核心部分；三是进行生态环境法制教育，普及国际环境保护公约等国际环境类履约情况，进行森林法、环境保护法等相关法律的宣传教育，彰显生态正义，引导公民自觉地履行生态环境道德义务，自觉地参与和做好生态环保工作，这是建设生态文明社会的保障；四是提高生态文明程度的技能教育，如日常生活中的节能减排绿色技术、向自然学习的方法和技巧等。开展生态文明教育，还要立足于对我国现实生态问题进行分析和反思，继承和发扬我国优秀的传统文化，借鉴世界生态环境保护的丰富思想和实践。

（二）生态文明教育主体和对象具有广泛性

除了由政府部门积极承担生态文明教育的主体，学校、非政府组织和社会公众也是主要的教育主体。企业应承担生态文明教育更多的任务。生态文明教育的专业化培养依靠高等院校，大众化教育则需要政府、高校、传播媒体、社会团体、企业的共同参与。生态文明教育的对象除了以社会各阶层为对象的社会教育，以大中小学和幼儿为对象的学校教育，还应包括各级政府部门领导工作人员、企业管理员工等。要努力推动生态教育向全民教育、全程教育和终生教育发展，在全社会倡导生态伦理和生态行为，提倡生态善美观、生态良心、生态正义和生态义务。

（三）实践是生态文明教育的最终目标

实践是生态文明教育的内在要求。生态文明的一切物质和精神成果只有在实践的基础上才能取得，也只有实践，生态文明的成果才能发挥作用；实践又是生态文明教育的重要实施途径，要通过实践，将生态文明意识由内而外地体现在人类的生活方式、生产方式和行为方式中，从生产、生活和消费方式上进行真正的变革。

三、发挥学校主阵地作用，不断深化生态文明教育

学校是生态文明教育的主阵地。笔者认为，教育工作者应抓住建设生态文明这一重大机遇，把生态文明理念的培育放在人才培养的重要位置，深刻把握教育规律，建立良好的生态文明教育机制，探索生态文明教育的有效途径，为全社会形成生态文明观念做出更大的贡献。

（一）坚持从娃娃抓起，完善学校生态文明教育格局

现代社会部分人生态道德意识缺失的现象提示我们，生态观念的养成应从少年儿童入手。培养学生从小养成良好的生态道德意识和行为习惯，对每个公民人格完善和成长具有重大的意义。

学校生态文明教育要以培养学生的可持续发展理念为目

标，采取生动活泼的方式，推动生态文明进课堂、进教材，形成第一课堂与第二课堂有机结合，课堂教学与校园环境育人相互补充，基础教育与高等教育有效衔接的教育体系。

学校生态文明教育应遵循青少年学生身心发展的认知规律，进行较为系统的设计。要在各级学校课程教育中开设有关生态文明的基础性公共课程，开发生态环保类教材及课件，同时依靠传统学科课程渗透生态环保知识和生态文明理念，实施渗透教育，以培养学生对生态环境知识的感性认知和生态理性思辨，形成生态思维方式。除了课堂教育外，还应"延伸小课堂，链接生活大课堂"，高度重视学生日常生活中的生态文明养成教育，让学生节省身边一滴水、一张纸、一度电，力争做到教育一名学生，影响一个家庭，受益一方社区。

此外，学校生态文明教育应把绿色软环境营造作为重要内容，纳入学校文化建设规划，倡导绿色管理、绿色学习方式、绿色活动方式，形成可持续发展的绿色校园。近年来，绿色学校和绿色大学的创建活动蓬勃开展。1998 年清华大学制定"建设'绿色大学'规划纲要"，率先系统提出建设绿色大学的设想，绿色大学建设实践方兴未艾。2008 年 32 所"985 工程"重点建设高校发布了建设可持续发展校园宣言。2009 年，全国绿化委员会、教育部、国家林业局联合启动"弘扬生态文明，共建绿色校园活动"，号召各级各类学校引导师生参与生态文明建设，进一步做好校园绿化。

笔者认为，绿色校园建设不仅仅是增加绿色，更是树木与树人的有机结合点，也是生态教育方式的深化。绿色校园建设要立足各校的实际，合理调整校园功能分区和布局，加强绿色校园建设的植物配置和景观营造，科学进行经营管理，提升校园绿化美化水平。切实将节约理念和节能环保技术应用于学校基本建设，集成先进实用的节能、节水、节地和节材及环保技术，建设节约型校园。

（二）更新教育理念，整合资源，不断丰富生态文明教育的内容

我们要从提高全民族文明素质的高度出发，进一步更新教育理念，从认识、思想和行动入手，重点在价值观形成、行为实践等方面，全面提高学生的人文素养、科学素质和生态价值观。

近年来，高校积极整合校内外学科和专家资源，共同研究和探讨生态文明建设的理论和实践问题。2007年12月，北京大学、北京林业大学相继在国内高校中较早地成立了专门的生态文明研究中心，汇聚政府部门、高校、专家等力量共同研究生态文明，取得一系列重要理论成果。今后，要充分发挥高校的资源优势，从生态政治、生态哲学、生态美学、生态道德等方面，进一步深化生态文明理论体系研究，带动学校生态文明教育。

要针对学生的不同特点，策划组织和实施丰富多彩、形式多样的绿色生态教育活动，形成良好的绿色行为习惯，使他们人人都成为生态文明建设的骨干。当前，要进一步探索学生生态环保活动的运作方式，实行"大手牵小手"，推进大中小学的相互联合，坚持寓教于乐，大力推行参与式、启发式的活动形式，有针对性地精心组织校外生态实践活动，增强活动的知识性、趣味性和参与性。要充分利用"世界环境日""地球日""世界水日""全民植树日"等主题宣传日，积极开展生态文明主题教育活动。发动广大学生进行"拒绝使用一次性木筷"、垃圾分类回收等活动，倡导绿色节约，组织学生深入到街道、公园、社区，亲近大自然，广泛宣讲植绿护绿知识，培养他们的生态实践能力，努力增强生态文明教育的吸引力和实效性。

（三）强化政府主导作用，推进学校生态文明教育制度化建设

充分发挥政府的政策导向作用，将学校生态文明教育纳入政府生态文明建设规划之中，建立起社会、学校生态文明教育体系。2008 年，国家林业局、教育部和共青团中央等中央部委启动国家生态文明教育基地创建工作，并制定颁布《国家生态文明教育基地管理办法》，就是促进学校生态文明教育制度化发展的有力举措。面向未来，希望政府进一步为生态文明教育提供更多的公共资源保障。有关部门应为学生创设"户外教室"，免费开放公园、森林公园等社会公共资源，让学生走进自然、贴近自然、学习自然、享受自然，解决校园内部生态文明教育基础设施不足的问题。此外，我们还呼吁，政府部门建立生态文明教育的公众参与机制，鼓励企业和各种社会团体参与到学校生态文明教育中来，增强学校生态文明教育的实践性和融合性。

发展生物质能源 推进大兴安岭
地区生态文明建设

中国工程院院士、南京林业大学教授 张齐生

胡锦涛总书记在十七大报告中提出建设生态文明的目标是，要基本形成节约能源、资源和保护生态环境的产业结构、增长方式和消费模式。胡总书记用 32 个字高度总结和概括了经济、社会发展中极为关键的产业结构、增长方式和消费模式应当遵循的基本原则，极大地丰富和发展了科学发展观的内涵，为我国今后的经济、社会发展指明了方向。对照总书记提出的建设生态文明的目标，联系大兴安岭地区的社会、资源、环境条件，我认为今后大兴安岭地区在保持生态环境良好、森林资源持续增长的前提下，大力发展林产工业的同时，要充分利用当地林业资源优势等，发展生物质能源，实现大兴安岭经济的科学发展、和谐发展、持续发展。

美丽富饶的大兴安岭，是我国最大的国有林区之一，全区拥有 8.4 万平方千米土地，地上有绵延千里的大森林，动植物资源十分丰富；地下有丰富的矿产资源，是我国北部的生态屏障。1964 年开发建设以来，已先后为国家提供 1 亿多立方米的木材，为社会主义建设和国土的生态安全做出了重大贡献。自古以来，人类在长期的繁衍生息过程中，得出了"靠山要吃山，靠水要吃水"的生存和发展经验，改革开放的30 多年来，中国各地的经济发展实践也充分证明了这一点。

森林是地球上最重要的可再生资源,它依靠阳光和水分就能不断地吸收二氧化碳,制造氧气,并产生大量含有碳、氢、氧三大元素的生物质,是大自然赋予人类繁衍生息的一份宝贵财富。大兴安岭拥有 665 万公顷的森林,森林覆盖率高达 79.9%,森林活立木蓄积量 5.1 亿立方米,占全国总蓄积量的 4.2%,这是大兴安岭得天独厚的资源优势,也是大兴安岭发展经济的重要基础。但是,大兴安岭远离经济发达的中心城市,消费需求不旺,严寒季节长,工业产品能耗大,吸引和留住人才难度大,交通运输更是制约经济发展的瓶颈,这些制约社会发展的因素也是我们在下一轮发展中应当有效加以规避的。

改革开放 30 多年来,大兴安岭地区历届领导坚持改革开放,重视发展经济,社会、经济面貌发生了很大的变化,但发展速度仍落后于我国东部地区,今后如何进一步加快发展,推进生态文明建设,我认为潜力在"山",出路在"林",具体地说,就是要充分利用好森林这个大资源。森林是一个有生命的群落,它有自己的生、老、病、死的演替规律,单纯地保护森林资源不是我们的长期国策,高附加值的循环利用好森林资源才是我们的真正最终目标。

目前大兴安岭每年有 200 余万立方米的木材生产任务,每生产 1 立方米木材需要消耗活立木资源约 1.7 立方米;在森林经营活动中,还有大量的抚育间伐小径材和清山材;在木材加工中还有加工剩余物。因此,大兴安岭每年至少有和木材生产量同等数量的木质生物资源可以利用。过去,部分木质生物资源采用了国内外常用的加工方法,制造中密度纤维板和刨花板,由于地缘等多方面因素,经济效益不佳。另有大部分木质生物资源,遗弃在山上未能加以充分利用,这一部分资源今后可用于发展生物质能源，为大兴安岭创造新的经济增长点。

木质生物材料作为生物质能源利用的形式主要有直燃式和热解气化式两种。直燃式是利用木质生物材料直接燃烧产生热量，由于其热效率低、投资大，各地运行效果欠佳。针对上述问题我们和大兴安岭林产工业公司共同开发了利用生物质材料热解气化同时制取固、气、液三种产品的技术，寻求一种高效、无公害、资源化利用的新方法。

木质生物材料同时产生固、气、液产品的原理是将木质生物材料在气化炉内，在限制供氧的条件下燃烧，可以形成原料层、干燥层、氧化层、还原层、炭层。

经还原层充分反应后，形成了以一氧化碳为主、并有部分碳氢化合物和氢气的可燃气体，经气液分离后，木醋液可单独收集，可燃气送入发电机发电。未完全反应的炭经密封冷却后，可单独排出。

在正常运行条件下，每吨木片（含树皮）可发电 900 千瓦·小时，产出木炭 0.25 吨，木醋液 0.20 吨；整个加工过程不需要外加热量，且无"三废"排放。与矿物质燃料发电相比，可以有效解决因其直接燃烧造成的环境污染，可减少氮氧化物和硫化物的排放。

目前我们正在塔河林业局建设以林业三剩物为原料，装机容量 10 兆瓦的发电及生物质炭深加工的示范项目，年消耗木片约 8 万吨，年发电量 7200 万千瓦·时，产生木炭 2 万吨，浓缩木醋液 6400 吨，前两项年销售收入达 1 亿元以上，每立方米木片可实现销售收入 1200 多元。为了进一步扩大生物质醋液的应用，目前正在宁夏林科所、河北农科院果树所、山东临沂市、江苏农林职业技术学院等全国 10 多个省市进行大面积的生物质醋液为主要原料的叶面肥示范试验。目前各地都已取得了较好的应用效果，我们争取浓缩木醋液在消毒、杀菌和叶面肥两个领域的应用取得突破，以创造更大的经济和社会效益。我们期待塔河"兴森能源"项目示范成功以后，在大兴安岭林管局全面推广应用该项技术，使大兴安岭的经济实现新的增长。

生态文明与生态旅游

黑龙江省大兴安岭地区漠河县县委书记　　王秀国

一、生态旅游的内涵

1983 年，国际自然保护联盟特别顾问谢贝洛斯·拉斯喀瑞首次提出了"生态旅游"一词。它的含义不仅是指所有观览自然景物的旅行，重点强调的是被观览的自然生态景观和人文生态景观不应受到损失。生态旅游作为一种新的旅游形态，近年来逐渐得到广大旅游爱好者的青睐和认可，已经成为国际上新兴的热点旅游项目。

生态旅游的内涵极为丰富，包含自然、地理、历史、经济、政治、民俗等各方面，是一个综合性的社会现象。我们认为，生态旅游的内涵总体上可归纳为三个方面。

1. 生态旅游的文化内涵。生态旅游的资源基础是自然环境，但同时也包括文化社会环境。生态旅游绝不仅仅是简单的自然风光性旅游，而且要具有深厚的文化底蕴和丰富的自然知识，特别是在旅游景点开发，旅游景观布局、旅游线路设计等方面都要充分融入先进的文化理念，缺少文化的旅游是没有生命力的。

2. 生态旅游的经济内涵。生态旅游的重要目的之一就是要促进当地经济的发展，因此，开展生态旅游必须让当地居民直接参与到管理和服务中去。这样的参与使得他们获得丰厚的经济回报，能有效地促进旅游地经济的发展；同时，生态旅游的健康发展有利于促进旅游经济的持续增长，并不断为地方经济注入新的发展活力。四川九寨沟生态旅游的运营理念充分体现了这一点。他们在壮大景区经济实力的同时，始终坚持以人为本、旅游富民，有效地解决了"保景与富民"这一世界性难题。景区居民不砍树、不种田、不狩猎、不放牧，依托生态旅游开发过上了富裕的生活。

3. 生态旅游的社会内涵。生态旅游的社会效益非常明显，通过旅游业的发展与渗透使得当地居民开阔眼界，更快地融入现代文明；特别是随着旅游业的深入开展，经济水平不断提高，居民就业机会增加都会有效地促进当地社会、经济、文化的全面进步和协调发展。

按照生态旅游的定义，应该把生态旅游界定为四个范畴：

（1）生态旅游的目的地是一些保护完整的自然和文化生态系统，旅游者能够获得与其生活环境完全不同的经历，这种经历具有原始性、独特性的特点。

（2）生态旅游强调旅游规模的小型化，限定在自然环境的承受能力范围之内，这样既有利于提高游人的旅游质量，又不会对环境造成大的破坏，从而最大限度地实现旅游资源的可持续利用。

（3）生态旅游具有教育作用，让游客在感受自然的过程中掌握生态知识，了解生态保护的重要意义，进而树立生态保护的意识。

（4）生态旅游与发展地方经济的相互促进作用。即发展生态旅游带动地方经济，使生态旅游与当地群众的致富相结合。

二、生态文明与生态旅游的辩证关系

党的十七大提出要建设生态文明，这是基于我国生态环境问题日益突出、资源环境保护压力不断加大的新形势而做出的战略决策，是全面建设小康社会、构建社会主义和谐社会的重要保障。发展生态旅游是建设生态文明、促进社会和谐进步的务实之举，两者之间有着相互依存、相辅相成的关系。

（一）生态旅游是提升生态文明理念的有效方式

"建设生态文明，基本形成节约能源资源和保护生态环境的产业结构、增长方式、消费模式"。十七大提出的这一重要战略任务，要求主要污染物排放得到有效控制，生态环境质量明显改善，生态文明观念在全社会牢固树立。生态文明观要求人与自然和谐相处，共生共荣，共同发展。生态旅游的核心是保护生态环境，游客在生态旅游过程中丰富知识、陶冶性情，进而热爱自然、保护自然，当地社会居民在保护生态环境的前提下获得收益，双方互惠互利，实现环境保护和经济发展的双赢。因此，生态旅游发展越普遍、越深入，接受生态环境教育的人越多，群众的生态环保意识就越高，有利于提升全民生态文明理念。

（二）生态旅游是建设生态文明的重要载体

生态文明是继农业文明、工业文明发展之后的一个更高水平的发展阶段，是以促进人与自然和谐为宗旨，以追求和谐发展、可持续发展为目标的新型文明形式。建设生态文明将节约资源、保护环境纳入经济建设、政治建设、文化建设、社会建设的全过程，是贯彻落实科学发展观、缓解生态环境压力、统筹人与自然和谐发展的战略选择。生态旅游是依托良好的自然生态环境和独特的人文生态系统，采取生态友好方式，开展生态体验、生态教育、生态认知并获得身心愉悦的旅游方式。因此，从这一意义上讲，生态旅游与自然生态环境和人文生态系统紧密结合，并将生态始终贯穿于旅游的全过程，是建设生态文明的重要内涵。

（三）生态旅游是培育生态主导型经济的必然选择

建设生态文明，促进经济社会更好更快发展，需要加快转变经济发展方式，形成以生态为主导的产业结构支撑体系。旅游业是面向民生的服务业，具有综合性强、关联度大、涉及面广等产业特点和环境成本低、就业容量大、带动作用强等产业优势，发展旅游业对优化产业结构、转变发展方式具有重要的推动作用。特别是生态旅游以关爱生态、保护环境、追求人与自然和谐发展为目标，更加突出旅游社区人员的环境责任、社会责任和文化责任，更加强调资源节约型、环境友好型旅游发展方式和旅游消费模式。因此，大力发展生态旅游，有利于自然文化资源和生态环境的永续利用，有利于形成资源节约、环境保护的产业结构、增长方式和消费模式，有利于形成生态资源保护、培育和利用的产业支撑，成为完善生态补偿机制的重要途径，是新形势下发展生态主导型经济的必然要求。

三、现代生态旅游的发展模式

从世界各地开展生态旅游的实际情况来看，可以归纳为以下两种类型，一是欠发达国家的被动型生态旅游；二是经济发达国家的主动型生态旅游。一般来说，生态旅游最初是从欠发达的国家开始的，因为这些国家拥有丰富而独特的生态旅游资源，而发达国家则存在庞大的生态旅游消费群体。

综合分析国内形势，也基本属于上述发展规律，开展生态旅游的主要目标也大多是生活在较发达地区的都市人群，这些人常年生活在大都市中，生活水平较高，但生活压力大，生活环境的污染度高，对生态旅游的渴望相对强烈。现代生态旅游主要是针对这些目标群体而设计的，主要是亲近自然、放松心情、缓解压力、呼吸新鲜空气。目前，比较流行的生态旅游模式主要有生态游乐、生态养生、生态度假等。其中，生态养生游是生态旅游的主流方向，养生生态旅游不同于一般旅游，需要在观光游乐中开展养生活动，需要特殊的养生项目。要求我们必须加大以生态为手段的养生活动与养生项目的开发力度，如森林浴养生法、雾浴养生法、生态温汤浴法、生态阳光浴法、森林跑步浴法、民俗养生方法、食疗养生等等。据调查显示，森林养生法、生态温汤浴法、生态阳光浴法是游客最喜欢的生态养生方法，56.1%的被调查者表示最青睐森林养生法，45.7%的被调查者表示青睐生态温汤浴法，39.4%的被调查者表示青睐生态阳光浴法，33.3%、30.6%的游客表示青睐民俗养生法和食疗养生。对于一个现代生态旅游景区，空气资源、水资源、山林资源是游客最为关注的基础资源。在被调查者当中有75.5%的人认为空气资源是生态养生旅游景点最重要的基础资源，其次是水资源和山林资源，分别占到被调查人数的57.3%和53.7%，气候资源、养生民俗资源、养生文化遗迹资源被认为是相对不重要的基础资源。遵照现代生态旅游业的发展模式，充分研究好、开展好、利用好现有的生态旅游资源，对于我们进一步发展生态旅游，弘扬生态文明都具有重要的现实意义。

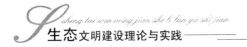

四、漠河生态旅游业的发展优势

漠河生态旅游资源丰富，既有雄浑的寒温带自然风光、纯净的生态环境，又有独特的风土人情、丰富的民族文化，生态旅游资源类型多、品位高、特色鲜明，尤其是神州北极、黑龙江源头、北极林海观音等均属国内垄断性旅游资源。纵观国内外旅游业发展态势，随着全球气候变暖，旅游产业开始转型升级，旅游热点正在逐渐"向边、向海、向北、向民族地区"转移，人们更加神往天然、纯朴的原生态风光，留恋原始、新奇的异质文化，善于从静观默察、敬天惜物中，听取周围的天籁之声，充分感悟和审美自然。漠河县丰富的生态旅游资源更加符合现代人审美、休闲、度假和养生的需求，具有发展生态旅游业的广阔前景和巨大潜力。

(一) 美丽独特的景观优势

漠河是祖国最北的边境县份，处于北纬 53.5°的高纬度寒温带地域，有"北极光"和"白夜"两大天象奇观。漠河是中国观测北极光的最佳地点，北极光条状、带状、伞状、扇状、葫芦状和圆柱状形态各异，赤、橙、黄、绿、青、蓝、紫各色相间，绚丽多彩，变化多端，色彩纷呈。"白夜"现象，就是昼长夜短，甚至出现黎明与晚霞同现天空的极昼现象，漠河人称之为"不夜天"。这两大天象奇观十分诱人，每逢夏至前后，都有成千上万的海内外游客慕名而来，观赏绚丽多彩的北极光，等待着白夜现象的出现。

(二) 极具魅力的自然优势

漠河地处大兴安岭北麓，是远离喧嚣和烦躁的世外桃源，全县境内没有任何工业污染源。这里生态完好、森林广茂、生物种群汇集，四季反差鲜明。初春，冰雪融化，万物复苏，映山红竞相绽放，像粉红的彩云飘绕在山间；盛夏，绿海苍翠，秀色宜人，是不可多得的避暑胜地；秋日，云高气爽，霜染群山，是"绿色氧吧""天然空调"；严冬，皑皑白雪，银装素裹，冰雕、雪雕流光溢彩，是体验寒冷、体验冰雪、体验激情的快乐家园。可谓是春夏秋冬各具特色，一年四季风光独特，空气清新，景色宜人，始终体现的是独特的寒温带森林景观，呈现给世人的是原生态、纯天然的地缘地貌，自然景色美不胜收。

（三）底蕴浓厚的文化优势

漠河历史悠久，文化璀璨。明、清、民国时期的古迹遗址景点众多，有较大的挖掘和开发空间。"胭脂沟""古黄金之路"充满历史的神秘，雅克萨古战场昭示着中华民族不畏外族侵略，捍卫国家领土完整的坚强决心。这里繁衍生息着鄂伦春、达斡尔等11个少数民族，服饰、民居、习俗处处都洋溢着浓浓的民族风情。李金镛祠堂、清朝采金业繁荣遗迹、妓女坟等人文景观，是增强漠河旅游吸引力的宝贵资源。我们把繁荣北极生态文化作为主打品牌，已经形成了北极文化、龙文化、金文化、佛文化和土著文化五大文化体系，北极文化的软实力不断增强，通过开展四季节赛活动，让中外游客在品味风光之美、民俗之趣、生态之乐的同时，感悟漠河浓厚的生态文化底蕴，体验人与自然的和谐之美。

（四）方便快捷的交通优势

漠河位于中国最北疆，地处偏远，对外交通过去曾是影响漠河经济发展的最大"瓶颈"，近年来随着国家、省地的支持，加之我们自身的努力，对外交通状况得到极大改善。现在公路、铁路、水路、空中航线都能直达漠河。2009年经过我们的积极争取，增开了漠河——齐齐哈尔——哈尔滨、漠河——海拉尔——大连、漠河——哈尔滨3条航线，4个航班每天运送旅客近1000人次。加开了漠河——辽宁营口旅客列车，经过漠河站的旅客列车已达到3个车次。加漠高等级公路开通以来，自驾游从哈尔滨到漠河，最多也就14个小时。漠河与俄罗斯边境线长达245千米，黑龙江作为中俄界河，沿江而下可尽览两岸秀美景色和异国风光，水路可直达黑河和佳木斯。随着中俄石油管道、口岸移置重建和中俄界江大桥项目的陆续开工上马，为做大做强边境旅游产业奠定了坚实基础，为发展异国风情游、跨国限时游创造了有利条件。

五、漠河生态旅游业的远景展望

得天独厚的资源禀赋、地处寒极的区位优势和千载难逢的政策机遇，使漠河的生态旅游具备了蓄势而发的先决条件。按照《漠河县旅游产业2009～2013年发展规划》的要求，正确处理生态文明和生态旅游之间的关系，坚持高品位策划、高起点建设、大手笔打造"神州北极村，中国龙江源"的旅游品牌，推进生态资源优势向旅游经济优势转变，实现旅游产品多元化、旅游目的地辐射化、产业效能多极化的目标。

（一）战略抉择更加坚定

发展生态旅游业，是漠河县委、县政府面对科学发展、和谐发展重任的必然选择。漠河是大小兴安岭生态功能示范区重要组成部分，是沿边开放城市，北极村被纳入黑龙江省"一池两极"和重点旅游景区建设规划之中。按照国家的生态战略部署，在2～3年内，大小兴安岭要全面停止主伐生产。

无论国家给予怎样的政策倾斜，漠河都必须摆脱对林木的依赖，走可持续发展之路。而旅游业恰恰是漠河县基础最好、优势最明显、带动力最强、覆盖面最广、潜力最大的产业。现实表明，漠河县的生态旅游业已经进入了一个关键的转折点，我们必须把生态旅游业摆在优先发展的战略位置，牢固树立一切为旅游让路的理念，强力推进生态旅游业的超常规、跨越式发展，实现建设生态文明、发展生态旅游，振兴县域经济的互利多赢。

（二）发展目标更加清晰

以生态资源为依托，以建设生态文明与促进经济可持续发展为目标，坚持政府主导与市场运作相结合，资源开发与环境保护相兼顾，硬件打造与内涵挖掘相协调，整合开发漠河具有垄断性和独特性的旅游资源。深入挖掘北方历史文化、采金文化、冰雪文化、佛教文化、龙文化等旅游文化资源，大力发展森林生态游、北极观光游、对俄边境游、冰雪体验游，找北寻源游，大幅度提升漠河旅游的影响力和竞争力；实施精品景区带动策略，2013年以前，力争将北极村创建成5A级景区，胭脂沟、观音山、黑龙江源头等创建成4A级景区，"五六"火灾纪念馆创建成3A级景区，把漠河建设成为旅游主体形象鲜明、产品特色突出、产业结构合理、生态环境优美、旅游设施完善、享誉国内外的"中国极地旅游胜地"。2013年，接待游客要突破100万人次，旅游综合收入突破7亿元，旅游业成为县域经济的支柱产业，使漠河晋升"中国旅游经济强县"。

（三）产业布局更加合理

坚持"突出重点、体现特色、打造精品、深度开发"的原则，着力改变漠河县景区景点建设层次不高、整体形象呼应性不强的现状，充分整合资源，深入实施旅游产业"一二三四五"发展战略。即：建设一个旅游基地、打造两个拳头品牌、培育三条精品线路、开发四大旅游区域、发展五项旅游产品。将漠河县城建成游客集散地，推出"神州北极"和"极光、极昼"两个绝对垄断的旅游品牌，精心策划包装三条精品线路，漠河——胭脂沟观音山——北极村旅游线，漠河——洛古河——黑龙江源头——北极村界江游旅游线，漠河——九曲十八湾——乌苏里旅游线，形成北极村——胭脂沟——洛古河旅游金三角；重点开发漠河县城、北极村、观音山、洛古河四大旅游区域，发展好神州北极、神秘源头、神奇天象、极地冰雪、森林生态五大旅游产品，从总体上提高漠河景点景区的品牌影响力和综合竞争实力，真正使漠河生态旅游业的发展呈现出淡季不淡、旺季更旺的火爆局面。

（四）服务体系更加完善

旅游业是面向民生的服务业。对此，我们将坚持以游客为本的原则，围绕旅游"六要素"，着力改变产业基础薄弱的现状。在"吃"上，大力发展绿色食品、健康养生食品和乡土菜系，形成具有"北"字特色的饮食文化；在"住"上，增加星级宾馆比重和家庭旅馆数量，让游客住得舒心；在"行"上，争取增开漠河到北京、大连等地的旅客列车。民航在现有 3 条航线的基础上，争取增开到上海、广州等重要旅游客源地的定期或包机航线；在"游"上，整合资源，走市场化道路，让游客游得方便。在"购"上，重点扶持一批具有地方特色的旅游纪念品，在县内建立旅游纪念品展销中心，北极村建立旅游商品一条街，主要景区建立旅游购物中心，让游客购得满意；大力发展旅游娱乐项目，推出北方民族歌舞、俄罗斯风情歌舞等具有地方特色的娱乐项目，建设酒吧和歌舞一条街，让游客玩得尽兴，真正建立起交通便捷、设施完善、服务至上的旅游产业支撑体系，提高旅游综合消费能力。我们要通过大力发展生态旅游业，不断提升生态文明建设水平；通过狠抓生态文明建设成果，带动生态旅游业大发展、快发展。

"青山看不厌，流水趣何长"。美丽的大自然能够陶冶人们的情操，带给人们精神上的愉悦，这种人与自然的和谐是人类最终追求的目标。生态文明是生态旅游的灵魂，生态旅游是生态文明的载体，我们要进一步落实科学发展观，以繁荣的生态文明促进生态旅游，以发展的生态旅游繁荣生态文明，促进生态文明和生态旅游协调、快速、健康发展。

培养良好习惯是生态
道德教育的切入点

中国青少年研究中心少年儿童研究所所长

孙宏艳

一、状况：少年儿童生态文明与
生态道德现状

（一）当代少年儿童的环保意识越来越强

2005 年中国青少年研究中心对全国少年儿童进行了中国少年儿童发展状况调查。这样的调查我们在 1999 年进行过一次，在全国 10 省区（广东、福建、山东、广西、吉林、湖南、安徽、河南、四川、贵州）46 个区县 184 所中小学校的 5000 多名小学一年级至初中三年级的学生中发放了问卷。结果显示，当代少年儿童具有良好的环保意识，而且乐于参与一些力所能及的环保活动。在调查中，我们设计了这样一道题目：一个村子计划建一座化工厂，许多村民可以到厂里做工挣钱，但是化工厂可能对村里的河水造成污染。你认为该如何选择？调查结果显示，超过 60％的少年儿童选择了"不建化工厂，以免污染河水"。和 1999 年相比，孩子们在进步。

少年儿童对是否建化工厂的看法（%）

选　　择	1999 年	2005 年
不建化工厂，以免污染河水	55.7	64.4
只要能挣钱，就该建厂	4.9	3.7
先把厂子建起来，富起来再治理污染	36.0	29.6
建厂，有点污染没关系	3.4	2.3

数据显示，无论是在 1999 年的调查中，还是 2005 年的调查中，赞成不顾环境污染，只要有经济效益就建化工厂的少年儿童的比例都非常少，在 2005 年中国少年儿童发展状况调查中还有一定程度的下降。这表明，越来越多的少年儿童认识到了环保的重要性，他们的环保意识有所增强。

2005 年的调查还显示，年龄越大的少年儿童越不赞成建立化工厂，他们的环保意识越强。

不同年龄段的少年儿童对是否建化工厂的看法比较（%）

选　　择	小学一到三年级	小学四到六年级	初中一到三年级
不建化工厂，以免污染河水	58.4	64.5	69.7
只要能挣钱，就该建厂	7.3	3.1	1.2
先把厂子建起来，富起来再治理污染	30.2	30.8	27.6
建厂，有点污染没关系	4.1	1.6	1.5

数据显示，初中阶段的少年儿童，更看重建立化工厂是否对环境造成污染，而不仅仅考虑经济效益。这表明，少年儿童的环保意识在一定程度上受年龄因素的影响，年龄越大的少年儿童的环保意识可能更好一些。

（二）越来越多的少年儿童积极投身环保

2005 年中国少年儿童发展状况调查还显示，当代少年儿童不仅有良好的环保意识，而且注重环保，能在自己力所能及的小事中做到环保。在调查中，我们设计了这样一道题目：有人说，每印制 4000 张贺年卡就相当于砍掉一棵大树。在新年来临要对朋友表达祝福时，你怎样做？调查结果显示，有

38.4％的少年儿童"自己尽量少买贺年卡"，有35.5％的少年儿童"自己不再买，还动员周围的人不买"。

少年儿童对待贺年卡的态度（％）

选　　择	1999 年	2005 年
还像过去一样买贺年卡送人	13.7	10.6
自己尽量少买贺年卡	43.7	38.4
自己不再买贺年卡	12.9	15.5
自己不再买，还动员周围的人不买	29.7	35.5

从上表的数据看，与1999年的调查数据相比，在2005年的调查中选择"自己不再买"和"自己不再买，还动员周围的人不买"的少年儿童的比例有明显增加，这表明，越来越多的少年儿童不仅有较强的环保意识，而且还积极投身到身边具体的环保活动中，用自己的行动去实现环保。

同样，年龄越大的少年儿童不仅环保意识更强，而且参与环保活动的愿望也更强烈。

不同年龄少年儿童对待贺年卡的态度比较（％）

选　　择	小学一到三年级	小学四到六年级	初中一到三年级
还像过去一样买贺年卡送人	18.2	8.4	6.2
自己尽量少买贺年卡	30.8	42.2	41.5
自己不再买贺年卡	19.2	13.3	14.0
自己不再买，还动员周围的人不买	31.8	36.1	38.3

从表中不难看出，在初中阶段的学生中，有更多的学生不仅表示自己尽量少买贺年卡，而且表示还要动员周围的人不买。这表明，少年儿童的环保意识和参与环保的愿望都受到年龄因素的影响，年龄越大的少年儿童不仅环保意识强，而且参与环保行动的愿望也更强。

（三）环保消费行为与环保理念存在一定差异

2007 年，中国青少年研究中心又和韩国、日本、美国的青少年研究机构合作，进行了中日韩美 4 国高中生消费意识调查。其中也涉及到一些环保内容。

随着生活水平的提高及环保意识日渐深入人心，在消费行为中提倡环保消费、绿色消费已成为消费新走向。环保性的消费行为，对促进生态平衡和环境保护具有重要价值。少用一次性物品、购买无公害食品、买环保电池、购物不过度包装等等，都是生活中的绿色消费行为。因此，课题组也重点对高中生们的环保消费意识及行为进行了考察，以了解高中生们的现代消费理念。

调查发现，多数高中生具有环保的消费意识。对"我认为水和电是自家花钱买来的，想怎么用都可以"这一陈述，认为"完全如此"的高中生仅有 6.8％，认为"基本如此"的为 18.1％。而能够考虑到环保因素，认为即使自己花钱消费也不能浪费资源的高中生有近 3/4。对"有钱就可以买我喜欢的物品，无需考虑环境问题"这一陈述，认为"完全如此"的仅为 4.6％，认为"基本如此"的为 13.9％，累计不足 1/5，八成多的高中生在消费时能够以环保为重，不过度消费。

观念虽然如此，但实际消费行为却与观念存在反差。调查发现，37.4％的高中生存在"我有很多用不上的学习用具（作业本、笔等）"这一情况，其中"完全如此"的高中生占 9.1％，"基本如此"的高中生占 28.3％，能够根据需要进行消费的高中生仅六成多；对"我通常使用充电电池"这一描述，46.6％的高中生认为符合自己的情况，不足 50％；对"我喜欢包装精美的商品"这一描述，认为符合自己情况的高中生占 40.5％，只有近 60％ 高中生不过度包装商品；对"购物时我会自己带购物袋"这一描述，只有 18.9％ 的高中生认为符合自己的情况，比例不足 20％。可见，多数高中生具有较强环保的消费意识，但环保的消费行为却相对弱一些。

高中生的消费意识和行为（%）

观念或行为	百分比
我认为水和电是自家花钱买来的，想怎么用都可以	24.9
有钱就可以买我喜欢的物品，无需考虑环境问题	18.5
我有很多用不上的学习用具（作业本、笔等）	37.4
我通常使用充电电池	46.6
我喜欢包装精美的商品	40.5
购物时我会自己带购物袋	18.9

上面这些数据，只是关于生态道德教育和生态保护的凤毛麟角的信息，只是想引发大家的思考。从数据看，我们至少可以得出两个方面的结论：（1）孩子的环保意识和行为不比成人差。这说明我们对青少年进行生态道德教育有良好的基础。（2）孩子的环保意识要好于环保行为，两者有反差。这说明进行生态教育还有较大空间。

二、背景：教育的新目标是"培养具有可持续发展思想和能力的新一代"

20 世纪 70 年代以后，联合国首先提出了"可持续发展"这一观念，明确提出要变革人类沿袭已久的生产方式和生活方式。正如联合国前秘书长科菲·安南所说：我们生活在同一星球上，由一个决定我们生活的生态、社会、经济和文化关系的微妙而错综复杂的网络，把我们联系在一起。要实现可持续发展，就必须对所有生命依存的生态系统、对彼此作为整个人类大家庭的一分子以及对我们的子孙后代承担更大的责任。

正是基于这样的想法，2002 年，联合国大会通过决议，将 2005～2014 年定为联合国"教育为了可持续发展"10 年（DESD）。联合国教科文组织在 2004 年 8 月制定了《联合国教育为了可持续发展 10 年的国际实施方案》，从 2005 年 4 月开始实施。"教育为了可持续发展"的基本理念就是，改变人类生存方式必须从基础做起，通过教育形成人的环境、人口和可持续发展的认识和能力。从上面这些描述我们可以看出，"教育为了可持续发展"，实际上是给教育提出了很高的目标，把"培养具有可持续发展思想和能力的新一代"作为教育的目标和功能。这可以说是教育的革命性变革。要想解决可持续发展问题，必须从教育做起，把可持续发展的价值观、发展观全方位地渗透到教育活动之中，促进人们行为的改变，以建设一个面向所有人，包括当代人和后代人的更加可持续的、公正的社会。

从联合国教科文组织的思想看，教育将为可持续发展承担重要的任务。可持续发展，是全人类的事情，因此，对青少年进行可持续发展的生态文明和道德教育，是教育的根本任务之一。

这也非常符合和谐社会建设思想。党的十七大报告明确指出："建设生态文明，基本形成节约能源资源和保护生态环境的产业结构、增长方式、消费模式。"这是中国共产党第一次把"生态文明"写进党代会报告，胡锦涛总书记强调指出的"可持续发展，就是要促进人与自然的和谐，实现经济发展和人口、资源、环境相协调，坚持走生产发展、生活富裕、生态良好的文明发展道路，保证一代接一代地永续发展。"生态文明的提出，说明我们的党、我国人民正在走向成熟，开始用建设和谐社会的思想、可持续发展的思想思考问题。过去我们谋求发展，以拼资源、拼廉价劳动力为主，片面追求眼前的物质利益，毫无节制地向自然索取，形成的是高能耗、低产出、污染严重的工业文明，而现在我们正在走向高效率、高科技、低消耗、低污染、整体协调、循环再生、健康持续的生态文明。因此，加强青少年生态文明和生态道德教育，树立生态道德观念，是全社会的共识。

三、路径：生态道德教育也是生活方式教育

总体来说，多数人是具备环保理念的，无论是大人还是孩子。但是，人们又往往陷入一种困惑：我节约一次性筷子，别人未必节约，照样沙漠化；我少开空调，别人未必少开空调，全球照样变暖，北极熊照样无处藏身。地球那么大，我的一点改变也起不到什么作用。那么为什么还要费这个劲儿呢？生活中，有这种想法的并不是少数人。

曾有人说：人类只有回到树上才最环保！这句话的意思是现代社会工业文明，给环境带来了巨大的压力，人类只有回到古老的原始社会，才能真正做到环保。例如，网上就有人说："让我们一起来敲掉水泥路面、彩砖路面、柏油路面，重走黄泥巴路；让我们一起来推倒我们的新房子，重住茅草棚；让我们一起远离都市，重回原始森林，刀耕火种，为了环保。"这当然是笑话，但是这也给我们提出了一个命题：到底谁先回到树上？生态文明和生态保护教育，说到底是人们的消费方式、生活方式等等的教育。

一个小学五年级的男孩这样描述他的未来：

"当一个大老板，每天穿着名牌西装，坐着豪华轿车，从郊区的豪宅到位于市中心的豪华写字楼上班。"

小学生为什么希望自己未来"住豪宅""开豪车""穿名牌"呢？让我们看看铺天盖地的广告：享受豪华空中列车、五星级酒店奢华享受、买豪华轿车享受豪华服务，甚至连电脑、冰箱也讲豪华配置极致享受……享受与"豪""奢"联系在一起，人们追求的不再是舒适与便利，而是多了还要多，好了还要好，认为极尽豪华才是极尽享受。"豪华"似乎成了现代生活的标志，也成了小学生们向往的生活。

仅拿过度包装来说，在韩国过度包装物品是违法行为，一旦查验出物品包装违反了包装标准，可被处以 300 万韩元以下的罚款；芬兰也通过制定和完善有关法律、法规对商品包装及包装物的再利用进行严格管理，要求生产厂家在对商品进行包装时尽可能地将包装物的体积和重量限制在最低限度内，并将其对环境造成的不利影响减小到最低限度。我们国家环保总局等六部门 2007 年也曾联合发布通知，要求杜绝商品过度包装浪费。

但是，看看我们的产品包装：一瓶普通国产红酒不到 100 元，但为它量身定做一个木头盒却要 200 多元；国产高档硬盒卷烟的包装成本已经占到生产成本的 25％～30％，外国进口香烟的包装成本仅是国内包装成本的 1/4；我国每年平均生产衬衫 12 亿件，包装盒用纸量就达 24 万吨，相当于砍掉 168 万棵碗口粗的树，而处理这些废弃包装物又会耗费大量的人力、物力。另据北京市有关部门统计，北京市每年产生近 300 万吨的垃圾中，有 60 万吨为过度包装物，占用了近 2 亿元的垃圾处理费。过度的豪华包装，已经失去了包装本身的实用价值，还损耗掉大量的木材、金属、塑料等资源。

这就是奢侈生活方式的代价。

比尔·盖茨堪称世界首富，富可敌国。但是盖茨夫妇生活却很俭朴，不看重衣服的牌子和价钱，只要穿起来感觉舒服就会喜欢。没有自己的私人司机，公务旅行不坐飞机头等舱而坐经济舱，还对打折商品感兴趣。日本也是非常发达的国家，但是在日本，举国上下都具有节约能源的意识，他们开小排量的节油汽车，精打细算一滴水、一度电，即使很热也不轻易开空调，还倡议空调不要低于 28 度，有的地方干脆把降温的按键用胶条贴住，不让人动。

到底是选择奢侈的生活方式还是选择适度的、舒适的生活方式？21 世纪是生态文明世纪，人类社会必将反思和修正自己的发展模式和生活方式。因此，对青少年进行生态文明与生态道德教育，也是对青少年进行生活方式的教育。我们要帮助青少年树立科学的发展观，形成良好的生活方式。

四、观念：教育的核心价值观是尊重

一个人的生活方式是由什么决定的呢？最根本的是由价值观念决定的。价值观念影响生活方式，生活方式影响人类生存的环境，环境恶化反过来又影响人类的生存和发展。人与人、人与社会、人与自然是相互依赖又相互影响的。所以，最重要的是价值观念的转变。

陶西平先生曾经说过：教育说到底，就是进行价值观的教育，离开了价值观的教育，所进行的教育也就成了无源之水、无本之木。价值观念改变了，一切都会变；价值观念不变，就会造成提法不断翻新，做法还是老一套，就是所谓的"穿新鞋走老路"。

新的世纪需要高素质的、具有可持续发展思想和能力的公民。这对人才的要求也是相当高的。那么，我们用什么来支撑我们的教育理念呢？"联合国可持续发展教育10年"中已经提出，教育的核心价值观是"尊重"：尊重他人，包括当代人和后代人；尊重差异性与多样性；尊重环境；尊重我们星球上的资源。这4个"尊重"，应当贯穿于全部教育活动之中。

生态文明是指人们在社会实践过程中处理人（社会）和自然之间关系以及与之相关的人和人、人和社会之间关系方面所取得的一切积极的进步的成果的总和。生态道德的主要内容有：第一，爱护自然，消除污染，保护环境，维护生态系统相对平衡，人与自然和谐相处共同繁荣；第二，保持生物遗传资源的多样性，地球上所有遗传物质的种质都要受到保护，特别要保护生态要素森林植被、耕地、草原、水源及野生动植物；第三，既满足当代人对自然资源的需要，又承担保护（不损害）子孙后代并保证其生存需要的责任，实现可持续发展。这些概括和归纳与联合国提出的四个尊重的思想非常吻合。

所以，我认为生态文明和生态道德教育因此有了支点——"尊重"。也就是说，我们要对青少年进行生态文明和生态道德教育，可以以4个尊重作为出发点。生态文明和生态道德教育不仅仅是环保教育，生态文明实际上是保持生态平衡。这种平衡需要我们用尊重的价值观做支撑。

观念主宰着一切，改变着一切。观念决定着人们生活中大大小小的选择，观念支撑着人们的行为方式和生活方式。《太原晚报》曾经刊登了一个非常让人不可思议的故事：

索里德公司是新西兰的一家能源公司，公司在新西兰南岛的斯托克顿煤矿采煤。有一天，矿工在采煤过程中意外发现了一种稀有蜗牛，他们立即停止工作，把这一情况报告给公司。公司得到消息后，立刻为此事召开紧急会议，并最终决定：停止在那一区域作业。为了不打扰这些蜗牛，索里德公司绕开了蜗牛的生存地，选择另一个方向掘进，这使工期耽误了 19 个月，公司的成本支出一下子增加了 897 万美元。对此，他们的回答是，损失再大也不能将原因归咎于蜗牛，因为它们原本就生存在那里。

一个大公司为了小小的蜗牛，就放弃了原来的计划，耽误了工期，还增加了支出。这件事让很多人感觉不可思议。然而，正是"尊重"的理念使他们把几只小小蜗牛的生命上升到和人一样的高度加以尊重。也正是本着"尊重"的理念，他们才更懂得珍惜自然，珍惜环境，珍惜生态平衡。

"尊重"是无处不在的，它体现在生态文明和生态道德的各个环节里。

例如尊重自然：对生命心怀敬畏；让孩子走进大自然，不要做学习的机器；走出小我，走向大我，不能只保持私人环境整洁，对公共环境却很不在意。让动物、绿草都和人类享受同样的尊敬……

然而，一些应试教育倾向背离了教育的本质，忽视了对孩子心灵的培养，使得一些青少年远离自然，漠视生命，心灵扭曲，情感冷漠，眼睛中只有分数和竞争……在这样的环境下长大，孩子们成了身心疲惫、情绪烦躁的"考试机器"，他们的眼中只有分数，没有自然，没有他人，缺少尊重。因此，对青少年进行生态文明和生态道德教育，要以尊重为核心价值观——你未必要多么爱大自然，多么爱他人，多么爱动物，多么爱护身边的资源，但是你至少要尊重自然，尊重他人，尊重动植物，尊重资源。尊重是底线，是爱的起点。

五、方法：生态道德教育要从习惯抓起

对青少年生态文明与生态道德教育应是系统的、全方位的社会工程，不能仅仅就生态说生态，就环保说环保，必须与公德意识教育、生命教育、消费教育、自然科学与环保知识教育、环保法律意识教育等有机结合，这样才能使教育浑然一体，卓有成效。现在，我们有了"尊重"这样一个核心的价值观，使教育有了基础和底气。但是，对青少年进行生态道德教育，应该从哪里开始呢？

2006年11月"中国青少年思想道德状况"课题组对中小学生环境意识和环境保护行为进行了调查。调查显示，对"资源减少或用完是几十年、几百年后的事，和我无关"表示认同的仅占3.3%；但调查又同时显示，有59.1%的中小学生不是经常两面用纸。这些数据和前面的数据都说明，中小学生环境意识比较强，但行为习惯与认识还是存在很大的差距。

常常听到有的父母或者老师唠叨说现在的孩子难以管教，虽然嘴皮子都磨破了，但是根本不管用。之所以出现这种状况，往往是成人没有抓住教育的根本，把说教当成了教育。如果生态文明和生态道德教育也陷入这样的状况，那么只能让孩子们反感。

怎样才能使孩子们将认识到的道理体现在行动上呢？我认为，从培养良好习惯开始是很好的切入点。

大家可能都看过这样的故事：当记者问一位荣获诺贝尔奖的科学家："请问您在哪所大学学到您认为最重要的东西？"

这位科学家平静地说："在幼儿园。""在幼儿园学到什么?"
"学到把自己的东西分一半给小伙伴;不是自己的东西不要
拿;东西要放整齐;吃饭前要洗手;做错事要表示歉意;午
饭后要休息;要仔细观察大自然。"从这位科学家的话中我们
可以看到,他在幼儿园里学到的不是知识,而是一些良好的
习惯。

什么是习惯? 习惯就是自动化的行为。试想,如果我们
能使青少年们在日常生活中形成一些具有生态道德意识的习
惯,这不是比说教和啰嗦更有意义吗?

科学大师爱因斯坦曾说:"如果人们已经忘记了他们在学
校里所学的一切,那么所留下的就是教育。"换句话可以说
"忘不掉的才是素质"。而习惯正是忘不掉的重要素质之一。
生活中的很多行为习惯都与生态保护密切相关,小习惯影响
大环境的事例比比皆是。例如:吃反季节蔬菜、水果;偏爱
肉食;使用塑料袋或塑料饭盒;刷牙、洗脸不关水龙;大量
使用一次性用品……

其实这些都是习惯,但这些是不良习惯,对环境有害而
无益。那么,我们是否可以试着从培养孩子们良好的生活习
惯开始对他们进行生态文明和生态道德教育呢? 例如,刷牙
关上水龙头;每周少吃一次肉;使用环保购物袋;洗完衣服
的水用来拖地或冲洗马桶;虽然有钱也不过度消费……

如果我们在对青少年进行生态道德教育中以培养良好习
惯作为切入点,既可使生态道德教育有抓手,有落实,也可
以真正帮助青少年形成良好习惯,从而把习惯变成生活方式
的一部分,帮助青少年建立健康的、科学的、合理的生活
方式。

深入开展可持续发展教育
推进生态文明教育基地建设

中国建筑材料科学研究院附属中学校长　付晓洁

一、基本情况

中国建筑材料科学研究院附属中学始建于 1958 年 10 月，地处北京市朝阳区最东部，是当地唯一的一所普通完全中学。分南北两个校区（高中部和初中部），共有师生 1400 人。

经历了 50 年的风雨变迁，曾用名有管庄中学、二外附中、119 中学（东校），后并入杨闸中学、管庄二中两所农村学校，现更名为中国建筑材料科学研究院附属中学简称建院附中。

2004 年，该校参加了北京教育科学研究院组织的 EPD 教育项目，成为项目成员学校。2005 年正式成为可持续发展教育（ESD）项目实验校。根据《北京市可持续发展教育纲要》的精神以及学校发展的实际，几年来，学校积极改革、锐意进取，走出了一条依据可持续发展教育理念具有生态文明教育特色的办学之路。

二、建院附中生态文明教育的特色实践

（一）建院附中生态文明教育的基本情况

1. 对可持续发展教育和生态文明教育以及成为国家基地的几点思考。

（1）建院附中能够成为三部委命名的目前唯一的国家生态文明教育基地，源于 EE、EPD、ESD 教育的有益尝试；源于将可持续发展教育作为学校全面实施素质教育的突破口；源于将可持续发展教育作为办学特色进行探索。

（2）为突出教育的功能，在中学阶段，把握可持续发展教育和生态文明教育落在普及相关知识、培养使命感和责任感，影响其生活方式和行为方式 3 个方面。

（3）深入开展可持续发展教育必将推进国家生态文明教育基地的建设。

2. 生态文明教育基地的建设目标定位。

（1）建成节约型学校。

（2）落实《北京市中小学可持续发展教育指导纲要》，建成可持续发展教育示范学校。

（3）创办国家级绿色学校。

（4）使生态文明教育成为学校的办学特色。

（5）创办国家生态文明教育基地，发挥示范作用。

3. 生态文明教育的实践探索。

（1）生态文明视阈下，多学科整合开展可持续发展教育，突出生态文明教育特色的实践探索。

学科教学是渗透生态文明的主要渠道。组织学科教师挖掘新课程标准以及教材中与生态文明教育的相关内容；重点考虑生态文明教育的知识和能力、过程和方法、情感态度和价值观等三维目标的实现。

①学科实施生态文明教育的方法举例。例如：以历史学科《从古代江南的开发看可持续发展》为例，学生通过学习与探究，了解北方人口大量南迁是江南经济发展的重要原因，南方经济发展促进了南北经济的平衡与可持续发展，从而促进了中华民族大家庭的和谐发展。

②跨学科实施生态文明教育的方法。例如：艺术鉴赏课《苏州园林》实施语文与艺术学科的整合，从欣赏园林的艺术美开始，在优美的古韵乐曲中畅游，在苏州的过去与现在中思考，让学生既提高了语文审美意识和古代雕刻绘画的技巧，还能通过比较，对苏州园林的未来现状作深入的分析。

③研究性学习实施生态文明教育的方法。例如：以地理、生物、语文、美术学科整合进行研究性学习，探讨《城市楼顶绿化》。通过文献法、调查法、案例研究法等，调查、写作城市绿化现状，分析解决途径，分析楼顶绿化的必要性与可行性，并运用地理、生物知识以及美术知识探讨楼顶绿化的方式最后形成可行性方案。

（2）通过综合实践活动课程深入开展可持续发展教育体现生态文明教育特色。综合实践活动是实施生态文明教育的重要途径。开发生态文明教育的校本课程和研究性学习课程，如《通惠河采风》《节能减排，时不我待》《管庄地区水质状况和人们对水的认识及保护》《媒体广告中的生态文明宣传》等。再次，在学科教学中渗透生态文明教育，挖掘各学科教材中的生态文明教育资源，创新教学模式，通过多学科整合、活动探索等形式对学生进行生态文明的知识和理念教育，涌现出了"从古代江南的开发看可持续发展"（初中历史）、"从节约一滴水做起"（初中语文、数学、科学整合）等一批优秀课例。

（3）有效利用课外校外活动深入开展可持续发展教育，体现生态文明教育特色。学校充分利用社区和社会教育资源，积极利用各种青少年教育基地、场馆（博物馆、植物园等）、公共文化设施等开展灵活多样的可持续发展教育实践活动，拓展学生的学习和实践空间。如世界环境日、地球日、节水日、禁毒日、无烟日等开展主题教育活动。参观高碑店污水处理厂、我们在校园的树木上插上由学生自己撰写的环境保护心愿卡；面向师生征集"打造无浪费校园"的校园标语；组织学生制作爱水、爱米手抄报，张贴在校园各个角落；设置分类垃圾箱，在学生中开展废弃材料制作环保纸篓、布袋等废品回收、再利用和"留住一桶水"实践活动等。

（4）让班团队活动更有针对性。多年来，学校开展校、班、队会活动，选择的主题内容要具有时代感；活动形式要灵活多样，贴近学生；活动实施要注重学生的自我学习和自主参与，尽可能发挥每个学生的主动性和创造性。2006 年至今，该校开展了一系列生态文明教育活动。首先，通过专题教育活动对学生进行生态文明教育。例如：校团委组织学生收集废弃光盘，换来树苗种在校园中；高年级学生将自己的课本送给低年级家庭困难的学生使用；参与世界自然基金会"青少年爱水项目"；在学生食堂开展"爱大米"节粮主题教育活动、成立各种志愿服务队，引导学生对校园自主管理等等。

（二）建院附中深入开展可持续发展教育，推进生态文明教育基地建设所取得的主要成效

开展生态文明教育促进了师生之间的和谐发展，培养了学生的生态文明素养和社会的责任感，生态文明教育推动了学校的发展。开展生态文明教育五年来的实践证明，实施生态文明教育是促进学生、教师和学校发展的有效途径，在推进素质教育和课程改革方面有如下突破：

1. 在学生层面。

通过实践探索，挖掘课程中贴近学生生活实际以及与现代社会和科技发展有联系的生态文明教育内容，在培养学生的学习兴趣的同时使学生对生态问题的认识水平有所提高，学生通过学习愿意自觉实践生态文明行为，亲身感受到我国建设生态文明的必要性和紧迫感，学习的过程中对所学知识有了更深刻的理解，同时解决问题的能力也有所提高。

生态文明视阈下多学科整合的实践探索为学生提供多学科和跨学科的学习方式和新学习机会，以新颖的教育理念和方法，培养学生对人类所面临的重大问题的意识，培养他们关怀、合作、理解的积极态度，培养他们的责任心和促进社会可持续发展的价值观，培养他们解决问题的能力和面向未来的创新精神。这些技能和价值观的培养正是传统教育中所缺失的部分，将对学生未来发展起到至关重要的作用。

几年来，引导学生以全面、综合的视角审视和处理这个普遍联系的世界中的现实事物，了解和尊重生物的多样性和文化的多样性，了解自身行为对生态环境和社会环境所产生的正面与负面影响及其程度，在发展的过程中减少乃至避免对生态造成破坏，对社会造成重创，学生一方面获得对环境的敏感性和关于环境的知识，另一方面，认识环境问题的复杂性，培养其解决环境问题的能力和责任感。

丰富多彩的生态文明教育实践活动，增强了德育的实效性。在全员参与的主题社会实践活动课程个案设计上，我们力求明确教育目的、内容、方法、实施过程及评价措施；在范围上以自然环境、社会环境和人际环境为背景，在内容上来源于学生的实际生活，在方法上注意学科教育、社会教育、品德教育、艺术教育相融合，在目标上关注学生兴趣、态度、能力、知识相整合，每一次活动都形成一个完整的、和谐的、富有弹性的教育空间。

2. 在教师层面。

生态文明视阈下的学科、跨学科的教学实践，强化了学科间的联系，促进了学科课程的整合，形成了校内研究共同体——冬令营、夏令营，大大提升教师教学教研水平，促进了教师专业化水平的提升。教师对新课程改革、对素质教育、对生态文明教育有了更加清醒的认识。

组织开展社会实践活动过程中，使班主任对学生有了新的认识，对新时期德育工作的特点和工作途径有了新的认识，在方法和管理艺术上有了感性的认识。

3. 在学校层面。

开展生态文明教育实践探索引发了学校教育、教学、学校管理工作的整体变革，带来了学校育人事业的新发展——生态文明教育特色的确立，学校办学思想，校训的重新审视，学校管理的科学民主和谐的构建，学校对硬件建设和软件建设的新思考等等，给学校的发展提供了新的机遇和挑战。

4. 在社会层面。

2007 年 12 月，建院附中成为"中国生态道德教育促进会"会员单位，受到陈寿朋会长的高度认可；2008 年 5 月 30 日，建院附中获教育部、共青团中央、国家林业局三部委联合授予的"国家生态文明教育基地"荣誉称号；向全国青少年发起积极投身生态文明建设的倡议，受到参加"国家生态文明教育基地"揭牌仪式的全国政协、教育部、团中央、国家林业局领导的认可和好评；符合绿色建筑规范的教学大楼经北京市发改委、市教委、朝阳区政府批准投资兴建，成为开展生态文明教育实践探索的物化成果，现已开始施工；学校将开展生态文明教育的相关情况，经国务委员刘延东同志批示给教育部周济部长，提出的加大生态文明教育专项经费投入拉动教育内需，将生态文明教育纳入国民教育系列的建议均被采纳，已付诸政策研究。市委常委、市教工委书记赵凤桐批示：请嘱有关同志了解建院附中生态文明教育情况，并研拟扩大其示范范围的意见正在落实。建院附中获得"节能减排与可持续发展学校——社会行动项目示范学校"称号。该校汇编《建设生态学校　创办示范基地——建院附中生态文明教育初探》一书；作为生态道德促进会的会员参与编写的《生态文明教育读本（高中）》将由人民教育出版社正式出版发行；学校已建成一个绿色生态文明教育网站，作为开展生态文明教育的有效载体和展示平台。

（三）作为"国家生态文明教育基地"对推进生态文明教育工作的几点思考和建议

1. 思考。

（1）生态文明教育主要通过学科教学和德育活动加以实施。通过学习和实践使学生从小树立系统的环境保护意识、与自然、社会、他人和谐相处的意识，这是全社会可持续发展的必然途径，作为学校，有着义不容辞的责任，需要每一个教育工作者加强学习、加强认识，很好地将生态文明教育通过实践不断落实与传播。

（2）生态文明教育为学校的教学和德育以及学校管理开辟了一个更加广阔的空间，使课堂学科教学的内容更为充实和丰富，为知识的掌握与应用提供了载体，为学生综合运用知识的能力提供了理论基础和实践机会；增强了德育工作的实效性，推进了学校的科学管理和持续发展。

（3）生态文明教育使学校的学科整合工作成为可能，使各学科打破学科界限，互为补充，将很好地避免过去那种"单兵作战"的局面，这些工作，要求学校的教育工作者不断在实践过程中去探索，挖掘学科整合点，提高学科整合的能力，从而进一步提高校本课程、研究性学习课程的质量。减轻了学生的学业负担，提高了教育质量。

（4）在我国现阶段，"生态文明教育"是一个全新的课题，生态文明教育作为一种可持续发展的文明观念，需要科学、系统地与学校教育结合起来，这离不开理论的指导，也离不开实践层面的进一步探索，需要各级政府、各个部门的大力支持和帮助，紧紧依靠学校的力量传播生态文明教育理念还是不够的。

（5）生态文明教育为学校的校本课程开发提供了丰富的教育资源，将学科知识与技能和生态文明的理念结合起来，使学校的校本课程开发更具目的性和系统性；使学校的综合实践活动课程开发更具体，可以有针对性地开发校外学习基地，为培养学生的生态文明意识提供了又一个更为生动的课堂，可以调动社会上更多的机构、单位加入到对学生的生态文明教育的队伍中。

（6）生态文明教育是全面实施素质教育，促进学生全面发展的重要举措。生态文明是人类对当代环境危机进行理性反思后所选择的人类文明新形态，作为对工业文明的超越，代表了一种更为高级的人类文明形态。具备生态道德、生态思维方式、生态实践能力是生态文明时代人才的必备素质。

全面实施素质教育，促进学生综合素质的全面提升，要求学校必须通过强化生态文明教育，提高广大中小学师生的生态文明素质。

2. 建议。

（1）作为目前中小学中唯一的"生态文明教育基地"，建议对基地建设的发展思路，建设标准，基地的工作内容进行专门的研究和论证，以便更好地发挥示范、引领作用，更好地促进学校的特色建设，更好地把握学校的发展方向，取得更令人满意的育人效果。

（2）建立市区两级财政的设立专项建设经费对基地建设予以支持，主要用于逐步完善基地的硬件建设；总结生态文明教育成果，加大宣传力度，提升生态文明教育水平；组织开展各种生态文明主题教育专题活动，对国民和学生进行生态文明知识的普及教育；组织教师培训，提高教师开展生态文明教育的能力和专业水平。

（3）以国家生态文明教育基地的名义向全国 2.2 亿青少年发出倡议，传播生态文明教育，促进国民生态文明意识的崛起，建立网站，撰写、出版青少年生态文明教育读本。开展生态文明知识竞赛，组织生态文明教育专家论坛，开展中小学生征文，成立专项奖励基金开展生态文明教育成果表彰。

三、建院附中改扩建工程设计理念与
可持续发展教育理念的融合

目前，建院附中正在改扩建，依据《绿色建筑评价标准》的三星级要求和北京市教委制定的《节约型学校建设的标准（试行）》，充分贯彻了"节地、节能、节水、节材、环保"的原则，将建设北京市首座生态教学楼。

　　针对建院附中用地面积不足的问题，该工程在保证适宜的环境质量的前提下，开发地下空间作为地下体育场馆，以提高土地利用率，解决了室外场地严重不足的问题，做到了"小地办大事"。在节能方面，采用风能及太阳能光辐发电作为学校用电的主要部分，同时利用市电作为辅助电源。在节水方面，采用高级氧化和絮凝过滤单元深度处理，将废水回收利用，实现水资源的循环利用。同时，雨水利用工程设计与校园绿化设计、景观设计、生态建设充分结合。校园内绿地、道路雨水以渗透为主，屋面雨水以回收为主，主干道雨水排入路旁绿地或渗沟渗透。

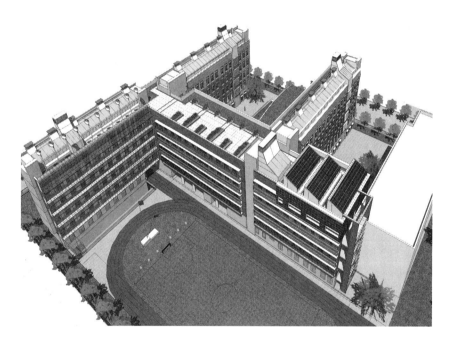

　　在节材方面，建筑结构材料合理采用高性能混凝土、高强度钢。将建筑施工、旧建筑拆除和场地清理时产生的固体废弃物分类处理，并将其中可再利用材料、可再循环材料回收和再利用。在设计选材时考虑使用材料的可再循环使用性能。

在改扩建过程中，充分考虑环境保护，校内绿地及屋顶绿化按生态效应种植，形成群落。垃圾严格分类，不可再利用的垃圾，经由最先进的悬浮燃烧炉洁净处理，余热再利用。

3. 将生态文明教育向社区辐射。

建院附中开展生态文明教育还为生态文明社会的建设起到了示范和辐射作用。通过学生把良好的生活和消费方式带到家庭和社区，以"小手拉大手"的形式，为生态文明建设贡献力量。

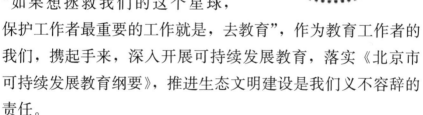

WWF 创始人 Peter Scott 说："如果想拯救我们的这个星球，保护工作者最重要的工作就是，去教育"，作为教育工作者的我们，携起手来，深入开展可持续发展教育，落实《北京市可持续发展教育纲要》，推进生态文明建设是我们义不容辞的责任。

三、重要文件

国家林业局　教育部　共青团中央关于印发《国家生态文明教育基地管理办法》的通知

各省、自治区、直辖市林业厅（局），党委教育工作部门、教育厅（教委），共青团省（区、市）委，新疆生产建设兵团林业局、教育局、共青团：

　　为加强生态文明教育基地的建设与管理，促进全社会牢固树立生态文明观念，我们研究制定了《国家生态文明教育基地管理办法》（见附件），现印发给你们，请认真遵照执行。

　　附件：《国家生态文明教育基地管理办法》

国家林业局　教育部　共青团中央

二〇〇九年四月九日

附件

国家生态文明教育基地管理办法

第一章 总则

第一条 为普及全民生态知识，增强全社会生态意识，加快构建繁荣的生态文化体系，推进社会主义生态文明建设，使全国生态文明教育基地管理工作规范化、制度化，根据国家有关规定，特制定本办法。

第二条 国家生态文明教育基地是具备一定的生态景观或教育资源，能够促进人与自然和谐价值观的形成，教育功能特别显著，经国家林业局、教育部、共青团中央命名的场所。主要是：国家级自然保护区、国家森林公园、国际重要湿地和国家湿地公园、自然博物馆、野生动物园、树木园、植物园，或者具有一定代表意义、一定知名度和影响力的风景名胜区、重要林区、沙区、古树名木园、湿地、野生动物救护繁育单位、鸟类观测站和学校、青少年教育活动基地、文化场馆（设施）等。

第三条 国家生态文明教育基地应当为公民接受生态道德教育提供便利，对有组织的生态文明教育活动实行优惠或者免费；对现役军人、残疾人和有组织的中小学生免费开放；每年3月12日植树节向全民免费开放，并组织纪念宣传活动。

第四条 国家生态文明教育基地称号采用命名制，严格控制数量。命名中坚持标准、注重实效、保证质量，并实行动态管理。

第五条 国家生态文明教育基地是面向全社会的生态科普和生态道德教育基地，是建设生态文明的示范窗口。

第六条　国家生态文明教育基地管理的日常工作由国家林业局负责。国家林业局设立国家生态文明教育基地管理工作办公室，办公室主任由国家林业局宣传办公室主任兼任，成员单位包括国家林业局、教育部、共青团中央有关司局。各省级林业主管部门负责商同级教育行政部门、共青团组织，并汇总本省（区、市）国家生态文明教育基地的申报审查工作。

第二章　国家生态文明教育基地基本条件

第七条　生态景观优美，人文景物集中，观赏、科学、文化价值高，地理位置特殊，具有一定的区域代表性，服务设施齐全，有较高的知名度；或者具有较强的生态警示作用；或者拥有比较丰富的生态教育资源。

第八条　具备富有特色的生态、科普教育和宣传的展室、橱窗、廊道等基本设施，并设有专门负责接待中小学参观讲解的专门机构或人员，能够为中小学生的参观提供适合的教育和服务。

第九条　文化活动突出生态主题，教育内容和活动形式丰富多样，参与人数通常情况下每年应达到 10 万人次；因客观条件未能达到上述要求的，经国家生态文明教育基地管理工作办公室认可，可以不受 10 万人次限制。

第十条　有专门的管理机构，有完善的管理制度，无不正当经营及违章违规现象。

第十一条　有固定的资金渠道，保证设施、设备的运行和维护。

第三章　命名程序

第十二条　国家生态文明教育基地申报单位根据国家生态文明教育基地管理工作办公室发布的有关文件，提出书面申请报告（包括本单位基本情况、基础设施建设、生态文明教育活动的开展情况、主要成果等内容），填写《国家生态文明教育基地申报表》，经省级林业主管部门商同级教育行政部门、共青团组织审核同意，报国家生态文明教育基地管理工作办公室。

第十三条 国家生态文明教育基地管理工作办公室受理各省级林业主管部门申报材料后，负责组织有关方面专家和负责同志形成评审委员会，对申报材料进行实地审核把关。

第十四条 国家生态文明教育基地管理工作办公室对评审委员会的意见汇总后，报国家林业局、教育部、共青团中央批准授予国家生态文明教育基地称号，颁发证书和牌匾。

第十五条 对开展生态文明教育活动积极、社会影响大、效果好的单位，可由国家生态文明教育基地管理工作办公室直接提名报批。

第十六条 国家生态文明教育基地每批命名的总量和不同类型的比例由国家林业局、教育部、共青团中央研究确定。

第四章　国家生态文明教育基地管理

第十七条 获得国家生态文明教育基地称号的单位每年年底要向国家生态文明教育基地管理工作办公室提交书面总结报告。

第十八条 国家生态文明教育基地管理工作办公室对基地进行抽查，对达不到规定的单位，提出整改意见；在规定的整改期内仍达不到要求的，报国家林业局、教育部、共青团中央取消其国家生态文明教育基地称号。

第五章　附　　则

第十九条 本办法由国家林业局、教育部、共青团中央负责解释，并适时修订完善。

第二十条 本办法自公布之日起施行。

国家林业局　教育部　共青团中央
关于开展"国家生态文明教育基地"
创建工作的通知

各省、自治区、直辖市林业厅（局），党委教育工作部门、教育厅（教委），共青团省（区、市）委，新疆生产建设兵团林业局、教育局、共青团：

建设生态文明是贯彻落实科学发展观的新任务，是党执政兴国理念的新发展，也是现代林业建设的新目标。在全面推进生态文明建设进程中，创建国家生态文明教育基地是贯彻落实科学发展观，促进人与自然和谐，大力传播和树立生态文明观念，提高全民的生态文明意识的重要途径和有效措施。对于充分发挥窗口示范作用，普及全民生态知识，增强全社会生态意识，推动生态文明建设具有十分重要的现实意义。

为进一步贯彻落实党的十七大精神，深入学习实践科学发展观，加快推进生态文明建设，国家林业局、教育部、共青团中央决定开展国家生态文明教育基地创建工作。现将有关事项通知如下：

一、明确创建思路，确保创建质量

在推进生态文明建设进程中，生态文明教育是一项长期而艰巨的任务，也是一项重在持久、重在广泛、重在落实的工作。

（一）准确定位

在出发点上，按照建设生态文明的总体布局和要求，积极占领生态文明教育的主阵地，开辟生态文明观教育的主战场，拓展生态文明观教育的社会化渠道，积极推进国家生态文明教育基地建设。在落脚点上，通过推进国家生态文明教育基地创建工作，切实把生态文明观的理念渗透到生产、生活的各个层面和千家万户，不断增强社会公众的生态忧患意识、参与意识和责任意识，牢固树立生态文明观，为建设生态文明、全面建设小康社会提供强有力的思想保证。

（二）突出重点

国家林业局、教育部、共青团中央联合开展的国家生态文明教育基地创建工作是开展生态文明教育的强有力抓手，每年授予一批国家生态文明教育基地。省级相关部门负责实施省级生态文明教育基地创建工作，是开展生态文明教育的主体。森林公园、湿地公园、自然保护区、自然博物馆、学校、青少年教育活动中心、风景名胜区等是开展生态文明教育的重要领域，要在开发生态良好的景观资源和丰富的教育资源，建设一批有深刻文化内涵的生态文明教育设施，开展丰富多彩的生态文明教育活动等方面下工夫，吸引更多的公众受教育，不断提升生态文明教育的质量。

（三）建立机制

一是建立国家级、省级生态文明教育基地创建机制，先在省级生态文明教育基地创建的基础上再逐级推荐申报国家生态文明教育基地；二是建立生态文明教育进课堂机制，将生态文明教育列为大中专院校和中小学的必修课和社会实践项目；三是建立社会公众参与机制，在国家级、省级生态文明教育基地开展有计划、有组织的社会公众参与生态文明教育的活动；四是建立交流合作机制，加强与有关部门的、基地间的、国际间的交流与合作，共同推进生态文明教育上水平；五是建立投入机制，加大对生态文明教育基地的投入，提高生态文明教育基地能力建设。

二、注重创建过程，确保取得实效

（一）成立组织机构，加强组织领导

为加强对"国家生态文明教育基地"创建活动的领导，由国家林业局、教育部、共青团中央组成领导小组，下设管理工作办公室，负责具体工作，设在国家林业局宣传办公室。

各地林业主管部门要做好牵头工作，联合教育、共青团等部门成立相应组织机构，切实加强领导，以高度负责的精神，认真做好省级生态文明教育基地创建工作和国家生态文明教育基地推荐申报工作。

（二）制定实施方案，明确创建步骤

创建活动应分三个阶段进行：

第一阶段：发动阶段。要根据创建工作要求，组织专题调研，掌握创建活动情况，提出相应的工作方案。要建立领导组织和工作机构，细化创建工作任务，明确职责分工。要广泛宣传发动，通过召开动员大会，加强舆论宣传，注重环境营造，统一广大干部群众思想，引导社会公众理解创建、支持创建、参与创建。

第二阶段：整体推进阶段。各有关部门、单位要结合各自工作实际，认真制定实施方案，逐项抓好落实，做到阶段

性工作与整体创建活动有机结合，既分工又协作，增强创建实效。要加强经常性督查，采取专项督查、群众评议、舆论监督相结合的办法，及时发现突出问题，认真整改提高。

第三阶段：自查迎检阶段。坚持高标准、严要求，认真对照考核标准，积极查漏补缺，争取软件建设高水平，硬件建设高质量，考核验收一次通过。

（三）广泛宣传发动，营造创建氛围

要充分利用电视、广播、报纸、网络等有效载体，广泛宣传发动，大张旗鼓宣传创建生态文明教育基地的目的、意义、做法，使之家喻户晓、深入人心。做到"广播有声、电视有影、报纸网络有文字，创建宣传资料进单位进学校进社区"。通过广泛宣传发动，使广大人民群众充分认识到创建生态文明教育基地是给人民群众带来身心愉悦、精神享受的实事好事，提高人民群众自觉参与的积极性，增强创建生态文明教育基地的决心和信心。

（四）大力开展活动，丰富创建内容

各生态文明教育基地创建单位一要大力开展生态文明观教育活动，帮助人们树立正确的生态文明观，努力构建生态文明的价值体系；二要大力开展生态科普教育活动，积极倡导人与自然和谐相处的生产方式、消费方式、生活方式，努力构建生态文明的社会形态；三要大力开展生态道德教育活动，帮助人们全面、科学地认识人与自然的关系，树立尊重自然、维护生态平衡的观念，形成生态文明的道德理念和标准；四要大力开展生态法制教育活动，让人们了解保护自然的相关法律法规，从而自觉地遵循自然生态法则，自觉养成生态文明的行为规范；五要大力开展生态审美教育活动，引导人们在珍惜、爱护自然环境和人类共同利益的基础上，实

现对生态美的不尽追求，营造生态文明的审美文化。

（五）总结推广经验，提高创建质量

要及时总结推广经验，把生态文明教育基地创建活动不断引向深入，切实提高创建活动的水平和质量。

三、严格申报条件，加强规范管理

各地区、各有关部门要从大局出发，高度重视，根据《国家生态文明教育基地管理办法》，严格按照基本条件，准确把握政策，坚持评选标准，认真做好国家生态文明教育基地申报工作，确保推荐单位的示范性、代表性。

国家生态文明教育基地原则上每年只授 10 个单位。每年 4 月 1 日至 5 月 20 日由国家生态文明教育基地管理工作办公室负责受理各地申报工作，6 月至 7 月组织专家进行实地考察评审，并选择时机进行授牌。

二〇〇九年四月九日

国家林业局　教育部　共青团中央
关于授予湖南省森林植物园等 10 单位
"国家生态文明教育基地"称号的决定

各省、自治区、直辖市林业厅（局）、党委教育工作部门、教育厅（教委）、共青团省（区、市）委，新疆生产建设兵团林业局、教育局、共青团：

为加快推进生态文明建设，提高全民生态意识和文明素质，在全社会牢固树立生态文明观念，国家林业局、教育部、共青团中央决定授予湖南省森林植物园等 10 单位"国家生态文明教育基地"称号（详见附件）。

希望获得称号的单位，充分发挥生态文明教育基地引领和辐射作用，大力开展生态文明宣传教育活动，不断提升生态文明教育的规模和质量，为公民接受教育提供便利，为全社会牢固树立生态文明观念发挥主体作用。

林业、教育、共青团系统各级主管部门要以此为契机，把"国家生态文明教育基地"创建工作作为开展生态文明教育的强有力抓手，加强组织领导，广泛宣传发动，切实把生态文明理念渗透到生产、生活的各个层面和千家万户，不断增强社会公众的生态忧患意识、参与意识和责任意识，牢固树立生态文明观念，形成全社会参与生态文明建设的良好局面。

附件：国家生态文明教育基地名单

二〇〇九年七月二十七日

附件

国家生态文明教育基地名单

一、湖南省森林植物园

二、山东省滕州滨湖国家湿地公园

三、河南省野生动物救护中心

四、东北林业大学

五、新疆维吾尔自治区野马繁殖研究中心

六、江西省共青城

七、黑龙江省北极村国家森林公园

八、陕西省定边县石光银英雄庄园

九、贵州省贵阳市黔灵山公园

十、江西鄱阳湖国家级自然保护区

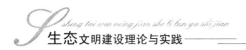

中国生态文明建设高层论坛

——漠河宣言

生态文明——世界关注的焦点，人类共同的愿望。她超越了国界，涵盖了自然，体现了发展，把人与自然和谐相处，保护生态环境紧紧地连接在一起。

高层论坛——神州北极，龙江之源。钟灵毓秀，厚重悠久，蕴天象之神秘，展极地之奇异。八月盛夏，贤达齐聚。俯仰天地，纵横捭阖。谈环境危机之重，论生态文明之兴。

为促进人与自然和谐，推进生态文明建设，让我们在漠河共同发表宣言：

一、树立正确生态观念。建设生态文明，是科学发展、和谐发展的升华，是弘扬人与自然和谐相处的重要价值观。我们必须牢固树立保护生态环境的理念，树立良好的生态价值观、生态道德观、生态政绩观、生态消费观，形成尊重自然、热爱自然、善待自然的良好社会氛围。

二、打造现代生态文化。创建生态文化的最终意义就在于为人民群众创造现代文明的新生活。我们必须从人与自然和谐的角度出发，精心培育人类保护生态环境的思想意识、思维方式，更加关注社会和谐与生态建设。

三、大力发展生态旅游。生态旅游越来越为人们所关注，对于发展循环经济、建设生态文明将具有特别重要的直接推动作用。为保护生态环境，我们必须实行保护自然、保护环境的一种科学、高雅、文明生态的旅游方式，切实以生态效益为前提，以经济效益为依据，以社会效益为目的，全面实现生态建设综合效益的最大化。

四、实践绿色生活方式。建设生态文明必须实践健康绿色的生产生活方式和建立完善全方位的教育体系，充分利用多种形式和手段，广泛宣传生态文明建设的知识，切实将生态文明的理念渗透到生产、生活各个层面，树立全民的绿色健康、自然环保的消费观念，形成人与自然和谐相处的生产方式和生活方式。

我们倡议：每个公民都要争做生态文明建设的倡导者和实践者，以建设山川秀丽的生态美、蓝天碧水的环境美、人与自然发展的和谐美为己任。聚水成河，把每个人的力量联合起来，托起人与自然互惠共生的生态文明，托起可持续发展的绿色文明。让我们在建设生态文明的历史进程中，不断创造生命的辉煌，共同呵护人类赖以生存的美好家园！

中国（漠河）生态文明建设高层论坛全体代表通过

二〇〇九年八月二日

四、舆论报道

第二届中国（漠河）生态文明建设高层论坛新闻发布会实录

2009 年 7 月 16 日上午 10 时，国家林业局、教育部、共青团中央、中国生态文化协会在国家林业局 213 会议室举行中国（漠河）生态文明建设高层论坛新闻发布会，国家林业局新闻发言人、宣传办主任程红，教育部思想政治工作司副司长刘贵芹，共青团中央农村青年工作部副部长陈宗，黑龙江省大兴安岭地委宣传部部长刘杰，分别介绍了第二届中国（漠河）生态文明建设高层论坛筹备工作的有关情况。

【程红】　非常欢迎和感谢大家来参加今天国家林业局举行的新闻发布会。我要借此机会，向大家正式宣布"第二届中国（漠河）生态文明建设高层论坛"将于 2009 年 8 月 1 日～2 日在黑龙江省大兴安岭地区漠河县举办。这是生态文明建设的一次高规格、高水平的盛会，既是生态文明建设研究成果的展示和实践经验的交流，又是推进生态文明建设的一次广泛宣传和一次再发动，对推动全社会深入开展生态文明建设具有重要意义。在这里，我要对大兴安岭地委、行署以及漠河县获准承办"中国（漠河）生态文明建设高层论坛"，并为论坛的即将举行做了大量卓有成效的工作表示热烈祝贺和衷心感谢！

中国生态文明建设高层论坛，是国家林业局、教育部、共青团中央 2008 年共同发起，为贯彻落实党中央关于建设生态文明战略部署联合举办的一项重要活动。在第一届中国

（广州）生态文明建设高层论坛上，国家领导人和有关部门负责人出席了论坛并作重要讲话，与会代表围绕生态文明与生态建设关系等重大理论和实践问题进行了深入探讨，首次授予10家"国家生态文明教育基地"，通过了《广州宣言》。这些，通过我们各媒体的广泛宣传报道后，在全社会产生了良好效应，对增强社会公众的生态忧患意识、参与意识和责任意识发挥了很好的推动作用。2009年4月，我们会同教育部、共青团中央制定了《国家生态文明教育基地管理办法》，下发了《关于开展"国家生态文明教育基地"创建工作的通知》，对国家生态文明教育基地创建工作进行了全面部署，为持续有效地推进国家生态文明教育基地创建提供保证。

这届论坛，将以"生态文明与和谐社会"为主题，以倡导绿色生活，共建生态文明为宗旨，以牢固树立人与自然和谐价值观为目标，围绕生态文明与经济社会可持续发展、生态文明与现代林业、生态文明与学校教育、生态文明与生态道德、生态文明与改善民生等当前生态文明建设的热点问题从理论上和实践上进行探讨。并以国家林业局、教育部、共青团中央、中国生态文化协会名义授予10家生态文明教育方面功能特别显著、创建成效十分明显的单位为"国家生态文明教育基地"称号。

这届论坛得到了各方大力支持和社会各界高度重视。一是得到了全国人大常委会高度重视。继2008年全国人大副委员长乌云其木格出席中国（广州）生态文明建设高层论坛后，2009年全国人大常委会将有一位副委员长亲临论坛指导并作重要讲话。二是得到了国家林业局、教育部、共青团中央、中国生态文化协会高度重视，有关领导都将出席论坛。在论坛筹备过程中，各举办方通力合作，精心策划，充分发挥各自优势，为把论坛办成具有广泛社会影响力，努力打造论坛精品做了卓有成效的工作。三是得到了黑龙江省高度支持。黑龙江省委省政府有关领导将参加论坛活动，并为开好论坛提供了强有力的保障。黑龙江省大兴安岭地委举全区之力，筹备工作做得扎实有效，为举办好本届论坛做出了巨大贡献。

这届论坛，之所以在大兴安岭地区及漠河县举办，是经过论坛组委会的慎重考虑与科学评估后确定的。一方面，是因为大兴安岭地区生态文明建设取得明显成效，生态地位区位优势十分突出。大兴安岭森林覆盖率 78.72%，是松嫩平原和内蒙古草原的天然屏障，拥有比较完整的森林、草原、湿地等多样性生态系统，在调节气候、涵养水源、防风固沙等方面作用突出。另一方面，生态教育功能突出，示范带动作用明显。近几年，漠河县把生态建设作为林区发展的首要任务来抓，先后建成了北极沙洲、5·17 火灾纪念馆等一批生态警示区，开展了"亲近自然、爱护家园""绿色生态文明校园"等生态文明建设教育实践活动，使漠河更具文化韵味和生态魅力。再一方面，这里因为地理优势明显，自然资源丰富，每年接待游客达 20 多万人次，是普及生态文明知识，加强生态文明教育的良好场所。因此，在这里举办第二届中国生态文明建设高层论坛是比较理想的选择。

国家林业局作为中国生态文明建设高层论坛主办单位之一，我们将努力履行好自己的职责，充分发挥自身的优势，切实在三个方面下功夫，确保论坛健康、科学、持续发展。一是切实在贯彻党中央、国务院关于建设生态文明重大战略决策和中央林业工作会议精神上下功夫。在理论和实践上，认真落实中央关于新时期林业的历史定位，即林业在可持续发展战略中的重要地位、在生态建设中的首要地位、在西部大开发中的基础地位，在应对气候变化中的特殊地位，使论坛成为宣传林业在生态文明建设中的主要作用和林业改革发展的重要平台。二是切实在倡导生态文明理念上下功夫。我们将认真研究和回答生态文明建设的理论和现实问题，吸引全社会关注、支持生态文明建设，促使人人从我做起，做生态文明的积极倡导者和模范实践者。三是切实在增强论坛的指导性和实效性上下功夫。我们三部门和中国生态文化协会将利用论坛这一开放平台，把"国家生态文明教育基地"创建工作作为开展生态文明教育的强有力抓手，不断创新生态文明教育的形式，努力提升生态文明教育的成效，为全社会牢固树立生态文明观念发挥主体作用。

【刘贵芹】 确立建设生态文明新目标，是我们党在贯彻落实科学发展观的伟大进程中取得的新认识、树立的新理念、形成的新任务。建设生态文明是全社会共同的理想，也是全社会共同的责任。学校是传播生态文明观念、普及生态文明知识、增强生态文明意识、提高生态文明建设能力的重要阵地。加强生态文明教育已成为当前各级各类学校深入推进素质教育特别是未成年人思想道德建设和大学生思想政治教育的一项重要内容。近年来，教育系统在加强生态文明教育、提升青少年学生生态文明素养、推进生态文明建设上采取了一系列重要举措，取得明显成效。在此，我向大家介绍四个方面的情况。

（一）研究制定了一系列加强生态文明教育的指导性文件

2003 年，教育部研究制定了《中小学生环境教育专题教育大纲》，以文件形式规定了中小学环境教育的教学内容、教学目标和教学要求。2004 年，中共中央、国务院印发了《关

于进一步加强和改进大学生思想政治教育的意见》（中发
[2004] 16 号文件），随后教育部会同有关部门出台了贯彻落
实中央 16 号文件的 20 余个配套文件，其中关于加强高等学
校校园文化建设、大学生社团工作、大学生社会实践、整体
规划大中小学德育体系等，均对高校加强生态文明建设提出
了明确要求。2006 年，教育部印发了《关于在全国中小学开
展创建和谐校园的意见》，要求各校重视校园绿化、美化和人
文环境建设，使校园处处体现教育和熏陶作用。2008 年，教
育部会同国家林业局、共青团中央联合印发了《关于开展
"倡导绿色生活、共建生态文明"活动的通知》，共同举办中
国生态文明建设高层论坛、贴近百姓生活的科普宣传活动、
青少年主题实践活动、"国家生态文明教育基地"创建活动、
"保护母亲河"主题系列活动等 5 项活动。2009 年，教育部
与国家林业局、共青团中央联合印发了《关于开展"国家生
态文明教育基地"创建工作的通知》和《国家生态文明教育
基地管理办法》。在首批 10 个国家生态文明教育基地中，北
京林业大学、中国建筑材料科学研究院附属中学入选。这些
文件的制定颁发，为各级各类学校开展生态文明教育提供了
指导性意见，直接推动了教育系统生态文明教育工作的深入
开展。

（二）深入推进生态文明教育进课堂活动

建设生态文明，观念要先行。近年来，教育部大力倡导
生态文明教育，积极探索生态文明教育的教育内容、课程资
源、有效途径和教育形式，充分发挥课堂教学的主渠道作用，
教育引导学生形成了解国情、珍爱环境、崇尚自然、节约资
源、造福后代的意识，教育引导学生树立正确的生态观、道
德观、价值观，教育引导学生全面把握科学发展观的科学内

涵、精神实质和根本要求，使生态文明观念成为学生共同的价值观念和自觉行动，增强了贯彻落实科学发展观的自觉性和坚定性。在高校，生态文明教育已经成为进一步加强和改进大学生思想政治教育的重要内容，列入了大学生思想政治理论课的必修课教材。如在《毛泽东思想和中国特色社会主义理论体系概论》教材第一章"马克思主义中国化的历史进程和理论成果"的第五节"科学发展观"、第八章"建设中国特色社会主义经济"中的"建设资源节约型、环境友好型社会"、第十一章"构建社会主义和谐社会"中，均对生态文明建设进行了重点论述。同时，许多高校还开设了一些有关环境科学、生态文明知识的公共选修课程。在中小学各学科课程中，都有机渗透了生态文明教育内容。如首批国家生态文明教育基地、中国建筑材料科学研究院附属中学除了将生态文明教育渗透到未成年人思想道德建设，开展综合实践活动外，还结合学校实际开设了生态文明教育的校本课程。

（三）积极开辟生态文明教育的第二课堂

各级各类学校结合学校特色和学生思想实际，积极组织开展了丰富多彩的生态文明教育实践活动。在高校，纷纷成立了环境保护、环境宣传等保护生态环境志愿服务类学生社团，许多学生自发组织开展清扫白色垃圾、植绿护绿、生态文明宣传等志愿服务活动。清华大学、哈尔滨工业大学等高校积极创建绿色大学，用绿色教育思想培养人，用绿色科技意识开展科学研究，用绿色校园示范熏陶人。北京林业大学连续 25 年每年春季在北京进行绿色咨询活动，连续 13 年组织首都高校开展"绿桥"活动。前不久，教育部部署在全国高校学生中开展"我爱我的祖国"主题暑期社会实践活动后，各地各高校相继组织学生生态环保暑期社会实践团，分赴全国各地开展环保宣传、生态体验、社会调查等。广大中小学校在各学科渗透生态文明教育的基础上，通过专题教育、主题实践活动和参与保护改善生态环境的方式，引导学生欣赏和关爱大自然，关注家庭、社区、国家和全球的环境问题，正确认识个人、社会与自然之间的相互联系，帮助学生获得人与环境和谐相处所需的知识、方法和能力，培养学生对环境友善的感情、态度和价值观，引导学生选择有益于环境的生活方式。如在北京，许多中小学校在植树节、世界地球日、世界环境保护日等重要节日，组织学生开展植绿护绿、参观生态文明教育基地等活动。有的学校还定期组织召开生态文明教育主题座谈会、报告会、交流会，开展以生态文明为主题的书画、征文、演讲、摄影、主题海报设计、生态科普知识、环保科技作品设计比赛等活动。

（四）大力开展生态文明建设理论研究

在生态文明建设中，高校特别是农林院校充分发挥其特有的学科优势、辐射功能和示范作用，正在成为生态文明建设的人才库、智囊团、思想库。高校一方面为国家生态文明建设培养了大批专业人才，另一方面积极发挥多学科联合攻关优势，在环境污染控治、清洁生产新技术、节约能源、循环经济理论与实践、新能源与技术、环境法制、生态文化建设等诸多方面，开展科学研究，产生了一大批生态文明建设的理论和实践成果，为生态文明建设提供了学理支撑。如，北京大学、东北林业大学成立了生态文明研究中心，一些高校也纷纷成立生态文明科研机构，并积极为当地政府生态文明建设科学决策提供政策咨询服务，高校生态文明教育科研活动蓬勃发展、方兴未艾。北京林业大学组织多学科专家参与林权改革，组织森林经理、森林培育、水土保持等优势学科的专家主动参与生态建设科技支撑。学校还与福建三明市、广西三江县等地开展科技合作，帮助当地发展生态产业。如今，高校已经成为生态文明建设科学研究的主力军，生态文明建设正成为高校科研的新热点。

生态兴则文明兴，生态衰则文明衰。建设生态文明、保护生态环境，是当代中国一项重大而紧迫的任务。现今，生态文明教育得到了高度重视，生态文明教育理念已经深入人心，青少年学生的生态文明意识明显提高，生态文明建设能力进一步增强。但同时，我们也清醒地认识到，加强生态文明建设是一项长期而艰巨的任务，需要全社会共同努力、主动参与和积极配合。教育系统肩负着艰巨而光荣的任务。我们将进一步提高认识，加强领导，采取更加有力的措施，大力加强生态文明教育，积极推进生态文明建设，努力培养德智体美全面发展的中国特色社会主义合格建设者和可靠接班人。

【陈宗】 今天能够参加中国（漠河）生态文明建设高层论坛的新闻发布会，我觉得很有意义。首先，我向长期以来关心共青团事业发展的各级领导和社会各界表示衷心的感谢！向在座的各位以及致力于促进生态文明建设的各界人士表示由衷的敬意！

生态文明作为人类处理人与自然关系的一种普遍公认的价值观，有其深刻的时代性、紧迫性，也有广泛的群众基础。从构建社会主义和谐社会的大局和改善生态环境质量的实际出发，我们也必须要按照全面贯彻落实科学发展观的要求，促进全社会提高生态文明意识，实现经济社会全面协调可持续发展。科学建设生态文明需要搭建一个平台，让各个方面充分交流生态文明建设的理论创新成果和实践经验，共同探讨新形势下建设生态文明的有益对策。因此，我们对即将召开的中国（漠河）生态文明建设高层论坛充满期待。

生态文明建设是一项崇高而伟大的事业，青少年是社会中最富有朝气、最富有创造性的群体，也是推动历史发展和社会进步的一支生机勃勃的重要力量。帮助青少年牢固树立生态文明意识，激发青少年参与生态文明建设的热情，对于促进资源节约型、环境友好型社会建设具有十分积极的意义。从个体来说，青少年时期是生态文明意识形成和发展的关键时期；从整体来说，青少年是一个国家的未来和民族的希望，青少年的生态文明素质决定着整个民族生态文明素质的未来。建设生态文明，要充分发挥青少年的生力军作用，呼唤广大青少年与全社会一道，肩负起全面建设小康社会的神圣历史使命。

长期以来，各级共青团组织坚持组织化和社会化相结合的动员方式，逐步形成了以保护母亲河行动为载体的青少年生态环保实践教育体系，在促进青少年和社会公众增强生态文明意识方面取得了积极成效。

（一）以弘扬生态文明为主线，在全社会大力推广绿色理念

利用公益广告、知识竞赛、主题活动、聘请爱心使者等方式，让绿色理念进公共场所、上媒体、进生活，教育青少年把热爱自然、保护生态转化为自觉行动。一是在"保护母亲河日""植树节""世界水日""世界环境日"等生态环保纪念日，集中开展主题宣传实践活动。二是环保宣传品进"两会"。设计印制保护母亲河环保宣传品，发放到"两会"代表委员手中，保护母亲河宣传品已连续5年进入"两会"。三是

积极整合媒体资源宣传绿色理念。邀请知名人士录制保护母亲河行动公益广告，在中央电视台、光明日报、新华网、中青报等数十家媒体刊发。四是充分发挥优秀青少年典型的示范和导向作用。与欧莱雅等知名企业联合开展"母亲河奖"评选表彰活动，用青年环保卫士们的事迹激发、带动更多人积极投身生态文明建设事业。五是利用互联网教育动员青少年。不断加强保护母亲河网站建设，线上活动和线下活动相结合，吸引凝聚一批忠实的环保志愿者，目前网站访问量过400万人次。

（二）以流域和江河湖泊为重点，积极开展青少年生态环保实践活动

近些年来，团中央既联合国家有关部委开展大型主题实践活动，又积极发动各地青少年结合流域开发和江河治理，创造性地开展各具特色的实践活动。一是联合国家林业局开展"保护母亲河——生态北部湾青年行动"，在北部湾地区建设绿色长廊："中国－东盟青少年海洋环境交流基地""中国－东盟青少年生态环保教育实践基地"，举办青少年环保论坛、生态环保青年营、青少年绿色沙龙等活动。二是与国家林业局、教育部共同开展"倡导绿色生活、共建生态文明"活动。内容包括举办生态文明建设高层论坛、开展贴近百姓生活的科普宣传活动、青少年主题实践活动、"国家生态文明教育基地"创建活动等。三是与环境保护部联合开展"保护母亲河·关注水源地"主题实践活动。内容包括农村饮用水基础状况调查、爱水节水护水宣传教育活动、农村水源地生态监护活动等。四是指导各地开展青少年绿色环保活动。首都大学生"绿桥"系列活动、首都大学生绿色咨询活动、"保护母亲湖"——安徽省青少年巢湖生态环保系列活动、山西

"百万青少年投身汾河生态修复工程"、甘肃"民勤生态援助行动"等特色活动，产生了很好的反响。

（三）加强对青少年生态环保社团扶持力度，着力培养青少年绿色队伍

以青少年生态环保社团为主，通过教育培训、活动指导、项目扶持的方式，积极探索青少年绿色环保队伍培养体系。在 2007 年开展全国青少年生态环保社团网上注册、项目资金申请的基础上，对评选出的 181 支社团申请的活动项目划拨资助金 30 万元。开展全国青少年生态环保社团负责人培训工作，全国 50 所高校的团委指导老师、社团骨干在北京林业大学就生态文明建设、绿色文化传播、绿色奥运、青少年环保社团建设等内容进行专题培训。同时，通过电子邮件、QQ 等网络平台，积极扩展与青少年生态环保社团的日常沟通与交流，给予社团相应指导。

（四）整合多方资源，稳步推进青少年绿色家园建设

为规范对全国青少年绿色家园的管理，全国保护母亲河行动领导小组办公室对各省（自治区、直辖市）的青少年绿色家园、保护母亲河工程重新进行登记造册，进一步进行资料整理和数据统计。加大奖励力度，对内蒙古青少年生态园、安徽安庆桐城青少年绿色家园、山东青少年绿化基地、湖北老河口青少年绿色环保教育基地等 8 个青少年绿色家园建设项目分别给予了 8 万元资金资助。同时，充分征求保护母亲河行动主办部委对青少年绿色家园的建设意见，加强沟通协调，争取政策支持，大力推动各地建设工作的开展。

10 年来，保护母亲河行动吸引了 5 亿多人次青少年参与，面向海内外筹集资金 4.42 亿元人民币、20.52 亿日元，建设了 5540 个总计面积达 335.02 万亩的保护工程，与 30 多

个国家和地区的青少年进行了友好交流。保护母亲河行动开辟了青少年接受生态环保教育的新途径，搭建了青少年和社会公众参与生态环境建设的新平台，架设了青少年生态环保国际交流与合作的新桥梁。我们坚信，广大青少年在绿色旗帜的引领下，会相互激励、共同实践，还会影响公众，带动全社会。

【刘杰】 大兴安岭地区位于祖国最北部，行政区划面积8.3 万平方千米，素有金鸡冠上的"绿宝石"之美誉。森林是地球之肺，湿地是地球之肾，生物多样性是地球的免疫系统。大兴安岭拥有比较完整的森林、湿地等多样性生态系统，森林覆盖率高达 79.83％，在气候改良、环境保护、空气净化、水源涵养等方面作用突出。大兴安岭是东北乃至华北地区的天然生态屏障。大兴安岭山脉及森林植被抵御着西伯利亚寒流和蒙古高原旱风的侵袭，使太平洋暖湿气流在此涡旋，为松嫩平原营造了适宜的农业生产环境，对维护黑龙江省乃至东北地区的生态和粮食安全有着不可替代的作用。据专家测算，每年大兴安岭地区仅纳碳、贮碳、制氧等方面创造的生态效益就高达 1130 亿元，是国家生态安全的重要保障区和黑龙江省的生态经济功能区。大兴安岭是东北地区重要的水源地。大兴安岭地处黑龙江上游和嫩江源头，以大兴安岭主脉和伊勒呼里山支脉为分水岭，形成黑龙江和嫩江南北两大水系，两大集水区内大小河流 500 余条，年径流量 109 亿立方米，是重要的水源涵养库，为北方重镇齐齐哈尔市、工业基地大庆和松嫩平原提供宝贵的生产和生活用水，对维系黑龙江、嫩江水系的生态平衡起着重要的作用。大兴安岭是我国唯一的寒温带明亮针叶林区和生物基因库。生物多样性对维护生态平衡、稳定环境具有关键的作用。大兴安岭地区保存着天然的、完整的寒温带森林和湿地生态系统，是我国唯一的寒温带明亮针叶林区，有林地面积 655 万公顷，国家级生态保护区 3 个，国家森林公园 2 个，省部级自然保护区 6 个，野生动植物资源十分丰富，野生蓝莓、红豆越橘、千日果、毛尖蘑等山特产品堪称人间珍品。"中国北极蓝莓"是国家地理标志保护产品，纯天然、无污染、原生态的特点，使大兴安岭成为最敢叫响绿色食品、健康食品的地方。大兴安岭素有"天然氧吧"之称，被誉为"八万里香格里拉，千里绿色长廊"。森林、湿地、山川、河流和生物资源构成了国内仅存的寒温带生物基因库，保持了我国生物物种的多样性。天蓝、云白、树绿、水清的大兴安岭，是人与自然和谐相处的理想境地，在维护区域生态安全方面发挥着重要的、不可替代的作用。

漠河作为中国最北的县城，"南有天涯海角，北有极地漠河"早已传为佳话，其优越的生态环境是大兴安岭的缩影。同时这里又处处彰显"北"的魅力：最北的山、最北的水、最北的哨所、最北的村落、最北的人家。因为地处最北，漠河北极村还是我国唯一可观赏到北极光奇异天象的地区，极昼、极夜现象非常明显。漠河是人们找北、寻北、游北、赏北的唯一选择，是中国最令人向往的 20 大金牌旅游胜地。最北的土壤孕育积淀了亘古的文明。早在旧石器时代晚期，我们的祖先就有部族在大兴安岭这片土地上生活，中国北方第一支少数民族入主中原建立王朝的北魏先祖鲜卑族就是从这里走出去的。1685 年抗击沙俄的雅克萨之战，成为中国近400 年来第一个战胜外来侵略者的战役。1888 年，李金庸奉旨建立了漠河金矿局，标志着中国现代采金业的开始。大兴安岭世居民族鄂伦春族，1953年走出大山，开始定居，实现了由原始社会直接向社会主义社会的过渡，其悠久独有的萨满文化、狩猎文化、服饰文化、手工艺文化，成为中华民族文化遗产中的宝贵财富。21世纪60年代，无数开发建设者挺进千里林海雪原，开启了气势磅礴的北部原始森林开发大会战，铸就了"突破高寒禁区"的大兴安岭精神。地灵人杰的大兴安岭让无数人为之赞叹神往。

大兴安岭始终把生态建设、促进人与自然和谐发展放在更加突出的位置。近年来，大兴安岭地委、行署按照"实施生态战略，发展特色经济，建设社会主义新林区"的发展战略，走出了一条在保护中发展，在发展中保护的可持续发展之路，生态环境更加优美，林区经济快速发展，百姓民生日益改善，实现了经济、社会、生态协调发展，形成了人与自然和谐相处的良好局面。

以生态为主的发展战略，是促进人类和谐发展，促进经济可持续发展，落实科学发展观的一个重要途径。此次，国家林业局、教育部、共青团中央、黑龙江省人民政府、中国生态文化协会于2009年8月1日至2日在生态环境和地理位置独占优势的黑龙江省大兴安岭地区漠河县举办"中国（漠河）生态文明建设高层论坛"，具有重要意义，不仅完全符合"生态文明与和谐社会"的论坛主题，也是对生态文明建设的深入诠释。大兴安岭地区作为承办地一定尽心尽力办好此次盛会，用高质量、高水准的论坛成果为促进生态文明建设做出应有的贡献。

十单位获国家生态文明教育基地称号

——周铁农强调在全社会树立生态文明观念

人民日报黑龙江漠河 2009 年 8 月 1 日电（记者高保生）中国生态文明建设高层论坛 2009 年 8 月 1 日～2 日在黑龙江省漠河县举办。在论坛开幕式上，湖南省森林植物园、山东滕州滨湖国家湿地公园、河南省野生动物救护中心、东北林业大学、新疆维吾尔自治区野马繁殖研究中心、江西省共青城、黑龙江省北极村国家森林公园、陕西省定边县石光银英雄庄园、贵州省贵阳市黔灵山公园、江西鄱阳湖国家级自然保护区等 10 家单位被国家林业局、教育部、共青团中央授予"国家生态文明教育基地"称号。

全国人大常委会副委员长、民革中央主席周铁农出席开幕式并讲话。他指出，在全社会牢固树立生态文明观念是践行科学发展观、建设生态文明和构建社会主义和谐社会的需要。各方面要齐心协力，共同推进全社会牢固树立生态文明观念，为促进我国经济社会科学发展，建设生产发展、生活富裕、生态良好的文明社会做出贡献。牢固树立生态文明观念重在宣传教育。要宣传生态状况的严峻形势；广泛宣传中华传统文化的精髓；加大"国家生态文明教育基地"创建力度，不断丰富创建规模和内容。

本届论坛由国家林业局、教育部、共青团中央、黑龙江省人民政府和中国生态文化协会主办，共有来自国家有关部门和部分省级林业、教育、共青团部门的负责人，国内外的专家学者和一些城市代表 300 人参加。

中国生态文明建设高层
论坛在漠河开幕

  人民网、新华网、中国经济网、中国林业新闻网、新浪网、搜狐网、网易、中国广播网、凤凰网、黑龙江新闻网2009年8月1日播发　国家林业局、教育部和共青团中央2009年8月1日至2日在黑龙江省漠河县举办中国生态文明建设高层论坛。在论坛开幕式上，湖南省森林植物园、山东滕州滨湖国家湿地公园等10单位被国家林业局、教育部、共青团中央授予"国家生态文明教育基地"称号。

  本届论坛共有来自国家有关部门和部分省级林业、教育、共青团部门的负责人，国内外的专家学者和一些城市代表300人参加。论坛围绕"生态文明与和谐社会"的主题，将有12名代表作专题演讲。

  附：国家生态文明教育基地名单

  （1）湖南省森林植物园；（2）山东滕州滨湖国家湿地公园；（3）河南省野生动物救护中心；（4）东北林业大学；（5）新疆维吾尔自治区野马繁殖研究中心；（6）江西省共青城；（7）黑龙江省北极村国家森林公园；（8）陕西省定边县石光银英雄庄园；（9）贵州省贵阳市黔灵山公园；（10）江西鄱阳湖国家级自然保护区

10 单位被授予"国家生态文明教育基地"称号

人民网、中国政府网 2009 年 8 月 1 日、中国林业新闻网 2009 年 8 月 2 日、新华网 2009 年 8 月 4 日播发 为加快推进生态文明建设，提高全民生态意识和文明素质，在全社会牢固树立生态文明观念，国家林业局、教育部、共青团中央决定授予湖南省森林植物园等 10 单位"国家生态文明教育基地"称号。

由国家林业局、教育部、共青团中央、黑龙江省人民政府和中国生态文化协会主办的中国生态文明建设高层论坛 2009 年 8 月 1 日～2 日在黑龙江省漠河县举办。湖南省森林植物园、山东滕州滨湖国家湿地公园、河南省野生动物救护中心、东北林业大学、新疆维吾尔自治区野马繁殖研究中心、江西省共青城、黑龙江省北极村国家森林公园、陕西省定边县石光银英雄庄园、贵州省贵阳市黔灵山公园和江西鄱阳湖国家级自然保护区 10 家单位被授予"国家生态文明教育基地"称号。

全国绿化委员会副主任、国家林业局局长贾治邦说，我们要大力普及生态知识，增强生态意识，树立生态道德，弘扬生态文明，进一步形成关注森林、热爱自然的良好风尚。加强生态文化基础设施建设，命名一批生态文明教育示范基地，为人们了解森林、认识生态、探索自然提供更多更好的条件。

据了解，加上此次的 10 家单位，目前我国共有 20 家单位被授予"国家生态文明教育基地"称号，实现全年教育公众超过 1000 万人次。林业、教育、共青团系统各级主管部门还将以此为契机，把"国家生态文明教育基地"创建工作作为开展生态文明教育的强有力抓手，加强组织领导，广泛宣传发动，切实把生态文明理念渗透到生产、生活的各个层面和千家万户，不断增强社会公众的生态忧患意识、参与意识和责任意识，牢固树立生态文明观念，形成全社会参与生态文明建设的良好局面。

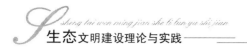

贾治邦：林业部门将采取四项措施
推进生态文明建设

人民网 2009 年 8 月 1 日、中国经济网 2009 年 8 月 2 日播发　国家林业局局长贾治邦 2009 年 8 月 1 日表示，我国各级林业部门将采取推进林权改革，加快构建林业生态体系、产业体系、生态文化等四方面措施，充分发挥林业在生态、经济、社会、文化方面的多种功能，确保到 2020 年使我国成为生态良好的国家。

贾治邦出席 2009 年 8 月 1 日在我国最北县城漠河举办的第二届中国生态文明建设高层论坛时说，森林是"地球之肺"，湿地是"地球之肾"，荒漠化是地球很难医治的疾病，生物多样性是地球的"免疫系统"。林业承担着建设森林生态系统、保护湿地生态系统、改善荒漠生态系统、维护生物多样性的重要职责，是实现人与自然和谐发展的关键。

在遏制全球变暖、弘扬生态文明、推动经济发展、维护经济安全中林业也发挥着重要的作用。贾治邦说，我国有 43 亿亩林业用地，还有 8 亿亩可治理的沙地和近 6 亿亩湿地，三者合计是耕地面积的 3 倍多。而我国林地单位面积产出率仅为耕地的 1/30。"把林地的增值潜力发挥出来，对于增加农民收入、拉动国内需求、推动经济发展，具有难以估量的作用。"贾治邦说。

他表示，全面推进生态文明建设，当前各级林业部门将采取四方面措施：一是全面推进集体林权制度改革，为生态文明建设奠定坚实的制度基础。二是加快构建完善的林业生态体系，构筑以三北防护林为主体的防沙治沙绿色生态屏障和以沿海防护林为主体的防风消浪绿色生态屏障。确保到2020年，全国森林覆盖率达到23％以上，50％以上可治理的沙地得到有效治理，60％以上的天然湿地得到良好保护。三是加快构建发达的林业产业体系，为生态文明建设提供更有力的经济支撑，力争在森林经营、木本油料、竹藤花卉、林下经济、森林旅游和林产品精深加工等方面取得突破。四是加快构建繁荣的生态文化体系，通过大力普及生态知识、加强生态文化基础设施建设，引导全社会牢固树立生态文明观念。

周铁农：牢固树立生态文明观念
需全社会共同努力

　　人民网、中国林业新闻网、新浪网 2009 年 8 月 1 日、凤凰网、黑龙江新闻网 2009 年 8 月 2 日播发　全国人大常委会副委员长、民革中央主席周铁农 2009 年 8 月 1 日指出，生态文明是社会主义核心价值体系的重要内容，各方面要齐心协力，共同推进全社会牢固树立生态文明观念，为促进我国经济社会科学发展，建设生产发展、生活富裕、生态良好的文明社会做出贡献。

　　周铁农是在由国家林业局、教育部、共青团中央、黑龙江省政府和中国生态文化协会共同主办的中国生态文明建设高层论坛上作出上述表示的。

　　周铁农强调，在全社会牢固树立生态文明观念，有利于加快推进生态建设进程，重现人与自然和谐的景象；有利于形成符合生态文明的伦理道德观，从根本上消除生态危机；有利于转变生产生活方式，构建资源节约型、环境友好型社会。

　　周铁农指出，牢固树立生态文明观念重在宣传教育，要扩大宣传生态状况的严峻形势，唤起公众的危机感和责任感；要广泛宣传中华传统文化精髓，使其成为超越工业文明、建设生态文明的文化基础；要加大"国家生态文明教育基地"

创建力度，使之成为全民接受生态文明教育的主要平台和手段。

　　周铁农提出，牢固树立生态文明观念需要全社会共同努力。林业部门要加快推进林权改革，加强林业生态建设与产业建设，大力繁荣生态文化。各级教育部门要逐步将生态文明教育纳入国民教育体系和再教育体系之中，促进人们形成尊重自然的道德观。各级团组织要广泛组织青少年参与生态文明建设活动，逐步形成青少年生态实践教育体系。各级人大要积极促进生态立法，加强执法检查，用法律和制度推动生态文明建设。

贾治邦：解决我国生态问题的
关键在树立生态文明观念

　　人民网、中国林业新闻网 2009 年 8 月 1 日，中国政府网、凤凰网 2009 年 8 月 2 日播发　记者从 2009 年 8 月 1 日召开的中国生态文明建设高层论坛上了解到，我国存在着一系列严重的生态问题，对经济社会发展构成了巨大挑战。水土流失面积达 356 万平方千米，占国土总面积的 1/3。土地沙化面积达到 173.97 万平方千米，占国土总面积的 18.12％。生物多样性锐减，有 15％～20％的动植物种处于濒危状态，高于 10％～15％的世界平均水平。湿地大量减少，有 36％的天然湿地已经消失，8.5 万座水库 1/3 的总库容被泥沙淤积。旱涝灾害频发，近 50 年平均每年出现旱灾 6～8 次，洪涝灾害 50 次左右，危害越来越大。

　　国家林业局局长贾治邦在中国生态文明建设高层论坛上表示，当前，生态问题已成为制约我国可持续发展的最突出的问题之一，生态产品已成为当今社会最短缺的产品之一，生态差距已成为我国与发达国家之间最主要的差距之一。要通过对生态状况的宣传，让公众感受到形势的严峻性，感到与自己息息相关，就能唤起他们的危机感和责任感。大力发展生态文化，可以引领全社会了解生态知识，认识自然规律，树立人与自然和谐相处的价值观，可以引导政府部门的决策行为更加有利于促进人与自然和谐，可以推动科学技术不断创新发展，提高资源利用效率，有力地促进生态文明建设。

中国（漠河）生态文明建设高层论坛
通过《漠河宣言》

人民网、中国政府网、中国经济网、中国林业新闻网、新浪网、搜狐网、网易、中国广播网、凤凰网、黑龙江新闻网 2009 年 8 月 3 日，新华网 2009 年 8 月 4 日播发　在 2009 年 8 月 1 日～2 日举行的中国（漠河）生态文明建设高层论坛上，全体代表通过了《漠河宣言》，倡议全社会每个公民都要争做生态文明建设的倡导者和实践者，聚水成河，托起与自然互惠共生的生态文明，共同呵护人类赖以生存的美好家园。

《宣言》倡议，要树立正确的生态观念，通过树立良好的生态价值观、生态道德观、生态政绩观、生态消费观，形成尊重自然、热爱自然、善待自然的良好社会氛围。要打造现代生态文化，从人与自然和谐的角度出发，精心培育保护生态环境的思想意识和思维方式，更加关注社会和谐与生态建设。

《宣言》还倡议，要大力发展生态旅游，实行保护自然、保护环境的一种科学、高雅、文明的生态旅游方式，切实以生态效益为前提，以经济效益为依据，以社会效益为目的，全面实现生态建设综合效益的最大化。要实践绿色生活方式，建立完善全方位的教育体系，广泛宣传生态文明建设的知识，切实将生态文明的理念渗透到生产、生活的各个层面，树立全民的绿色健康、自然环保的消费观念。

生态文明建设高层论坛通过宣言
倡导绿色生活方式

  新华网、中国政府网、中国经济网 2009 年 8 月 3 日，央视网 2009 年 8 月 4 日播发 正在参加第二届中国生态文明建设高层论坛的社会各界代表 2009 年 8 月 2 日在我国最北县城漠河通过一项《漠河宣言》，倡议每个公民实践绿色生活方式，树立自然环保的消费观念，促进人与自然和谐，推进我国的生态文明建设。

  《宣言》称，生态文明是世界关注的焦点，是人类共同的愿望。建设生态文明，是科学发展、和谐发展的升华，是弘扬人与自然和谐相处的重要价值观。

  《宣言》呼吁，全社会要牢固树立保护生态环境的理念，形成尊重自然、热爱自然、善待自然的良好社会氛围。要从人与自然和谐的角度出发，精心培育人类保护生态环境的思想意识、思维方式。科学发展生态旅游，全面实现生态建设综合效益的最大化。实践绿色生活方式，建立全方位的生态教育体系，树立全民绿色健康、自然环保的消费观念。

  《宣言》发出倡议，每个公民都要争做生态文明建设的倡导者和实践者，以建设山川秀丽的生态美、蓝天碧水的环境美、人与自然发展的和谐美为己任，把每个人的力量联合起来，建设人与自然互惠共生的生态文明，共同呵护人类赖以生存的美好家园。

本届论坛上，多位国家部委和省市领导、生态文明建设领域专家学者以及相关科研院所、高等院校代表走上讲台，围绕"生态文明与和谐社会"的主题，广泛探讨了建设生态文明与构建和谐社会的理论创新成果，深入交流了倡导绿色生活、共建生态文明的实践经验。论坛举行期间，湖南省森林植物园、黑龙江省北极村国家森林公园等 10 个单位被授予了"国家生态文明教育基地"称号。